光明城

LUMINOCITY

看见我们的未来

T E A
C H I
N G /
R E C

李德华 & 罗小未
设计教席系列教学丛书

LI DEHUA & LUO XIAOWEI
Guest Professorship
Book Series

刘克成同济教学档案

王凯　王红军　王一　编著

同济大学出版社
TONGJI UNIVERSITY PRESS
中国 · 上海

O R
D S

CONTENTS

目录

TEACHING RECORDS
教学现场

王凯 / 王红军

建筑理论家佩雷兹·戈麦兹（Alberto Pérez-Gómez）曾在一篇文章里提到，“教学行为的本质，是对话。”（Education is essentially about dialogue）这句话说出了教学行为的本质，教学绝非教师的单向传授，而是教师和学生之间的互动。

建筑理论家莱瑟巴罗（David Leatherbarrow）曾经在一次有关教学的座谈会发言中，非常生动地描述过保罗·克瑞、文丘里和路易·康的教学过程之间的差别：

“保罗·克瑞晚年时期的听力已经接近全聋状态。所以他与学生会面时很少交谈，只是沉默地教学。那他们是怎么表达自己的想法的呢？绘画。学生们动笔画，克瑞也动笔画。学生们再画，克瑞再修改；来来回回，一点一点指向具体。后来我被告知，这来来回回和指向进展是一个节点，之后学生们离开，就不同的主题方向工作，把讨论的结果转化到不同的情形中去。所以说这是看得见的智慧，既弥补了言语的缺憾，又建立起基于手绘的沟通关系。

与保罗·克瑞相反，文丘里很爱交谈，却从来不说清楚，以至于学生们叫他‘咕哝先生’。他也爱手绘，不过总是把图纸暗自收藏。当他讲话的时候，学生们就试着绘图，他没准就被分了神，然后看着学生的手绘说‘不不不……’，于是学生们只能再次尝试。所以他们总是在猜测，猜测他到底在咕哝什么。这样，在宾大，有一个聋子和一个‘咕哝先生’。

那么路易·康呢？他说过，‘当我在教学时，主要是在追问自己。我很少得到答案，却享受这个过程。如果有时候我的疑问抢先被学生夺去，他们便学到了东西，不过那只是副效应，最重要的是与人一道做我自己的研究。’所以对于康来说，从来没有所谓康与学生们，一直都是一群人在讨论，总想推倒重来。康是首领，因为他提出问题又从来没对答案满意过。所以设计工作坊结束的那一天，组里的每一个人都完全糊涂了。”

在此全文引述这段话的意义不只在于它提供了很多教育历史的细节，更在于这种描述中所提及的教师的个性特征、教学方式、交流载体和媒介乃至师生的互动过程都构成教学过程的重要部分，它们一起多维度地重建了历史中的“教学现场”。名师教学的魅力所在绝不仅仅是单向度的，而还原教学的“现场感”可以最大限度的保留和呈现这种魅力的来源。

这本书中记录的，是同济大学“李德华 & 罗小未设计教席”刘克成教授在同济大学 2015 级复合人才实验班 2017—2018 春季学期课程的完整教学过程。刘克成老师不但是一位成熟而优秀的建筑师，也是一位对教学充满了热情的建筑教育家。从书中可以看到，刘老师的课程教学组织有序、形式多样、内容丰富，更重要的是，教学互动的过程充满了师生相互激发的、无法事先预料的激情和火花。我们希望这本书以档案的形式，通过照片、草图、过程模型、参与教师、助教和同学的回忆和记录，展示和还原教学过程的“现场感”。

DESIGN WITH NATURE, SHOW YOUR MIND
自在具足 心意呈现

刘克成

1928年，梁思成先生在东北沈阳创立东北大学建筑系，开启了中国现代建筑教育的先河。由于历史原因，初创的东北大学建筑系采用西方古典建筑教育体系——"布扎"体系，与当时在欧美方兴未艾的现代建筑运动以及"包豪斯"现代建筑教育体系擦肩而过。20世纪五六十年代，"布扎"体系成为中国建筑教育的主流。"布扎"体系源于法国巴黎美术学院，教育重视建筑知识体系传授，强调基本功训练，注重历史经验传承，但不太重视学生创造力培养。

改革开放以来，国外各种建筑思潮涌入。20世纪80年代，中国建筑教育一方面努力恢复，另一方面采取"走出去，请进来"的方式努力引进国际先进建筑教育方法。20世纪90年代，国外建筑思潮及教学方法在各个学校都有不同程度的体现。其中，日本三大构成体系对建筑基础教学的冲击以及瑞士苏黎世高工空间设计体系对建筑设计教学的影响最为显著。进入21世纪，中外合作教学蔚然成风，国外不同学校的师生直接介入国内的建筑教学。中国建筑教育已充分融入国际社会，几与国际同步。

然而，面对林林总总的国外各色建筑教育思潮，中国建筑教育在实现现代化的同时，已由最初的"营养不良"转变为现如今的"消化不良"。诸多体系并存于一体，犹如诸多药方作用于同一人。当前，建筑教育充斥着各种问题及矛盾，可以主要归结为以下几个方面。

第一，教育体系混杂。由于对国外体系的引进和接受始终处于被动随机的状态，打破了原有教育系统的完整性，造成混乱，并导致教学计划产生诸多漏洞。

第二，课程过多，基础不明。教学内容沙石俱下，学生负担太重，没有更多时间思考，削弱了其对专业的兴趣。

第三，知识传授重于能力培养。建筑类型教育占据主导地位，造成学生习惯于模仿，创新意识不强。

第四，重外观而缺内省。过分强调学生学习外部世界的新鲜事物，不注重自我的生命体验以及自我潜能的发掘。

第五，缺乏文化自信，忽略自我文化的发掘以及自身体系的塑造。

建筑学教育改革的目标

上述问题说明，头痛医头、脚痛医脚的局部改革以及随意插花的即兴嫁接方式，不仅没有根本解决中国建筑教育的现代化问题，而且带来了更多的问题。从近 30 年中国城市建筑所体现出的“贪大、媚洋、求怪”等乱象，折射出当前中国建筑教育的缺失。

时代迫切需要中国建筑教育进行一种整体式的改革。中国建筑教育经过近百年的消化吸收，特别是近 30 余年全方位的开放学习，已经到了应该依托自身的哲学，结合自身的特点和需要，融合国际先进经验，建立适合自身国情的独立建筑教育体系的时候。

基点 —— 相信自在具足

教育的根本问题是解决培养什么样的人以及怎样培养人的问题。

年轻时，我们一直都在听取别人的声音。家长、老师向我们灌输智慧和信息，领导、导师以他们的角度告诉我们世界如何运转，希望把我们变成这样或那样的人。通常这些声音权威而不容置疑，让我们忘记了倾听自己内心的声音。在建筑学领域尤其如此。在人类社会漫长的历史中，曾经出现了那么多杰出的建筑及建筑师。读书期间，我们以自己的设计“像某某建筑”或“像某某建筑师”而自豪，老师也将最高的分数打给最善于模仿的同学，促使我们习惯于模仿，而忽视了自己对世界的感受。往往过了 40 岁才意识到，我们不可能变成别人，我们只能做回自己。

其实人所需要的所有能量都储存于自身，人的成长过程是一个不断发掘自我潜能，从自在走向自觉，再走向自为，最后达到自由的过程。一个人如此，一个城市如此，一个国家如此，建筑学也如此。因此，建筑教育首先应当相信自在具足。

关键 —— 启智

在相信自在具足的前提下，教育不应当是一种灌输，而应是启智，启发学生的智慧和潜能。

启智教育要求教师以学生为本，倾听学生内心的声音，发现学生的潜能，开启学生内在的智慧，让学生相信自在具足，做最好的自己。

启智教育对于教师是一种较高的要求，他（她）要让学生不再被不能成为别人的恐惧占领，不再被形式、符号、词语所裹挟，教师必须帮助学生打开所有的心灵和毛孔，直接和世界肌肤接触，让学生闻见世界的味道和气息，触摸它的柔软和质地，坚信他（她）的所见是真实、永恒、不受时间限制的，立足自己对世界的体会与体味，展开自己的生命和职业。

结果——心意呈现

“相信自在具足”的启智教育要让学生回归本心，坚信最好的设计不是模仿，不是要做得和别人一样，而是“心意呈现”。

好的设计是基于自己对世界的触摸、对生活的体验，呈现自己的心意，呈现对别人、对世界的心意。建筑学的本质是塑造生活空间与环境。不能融入自己的生活经验，不能呈现自己对世界的心意，就没有好设计。

心意呈现的实质是“爱”，爱生活，爱他人，爱世界。

主线——四维交错

任何一个成熟的学科、一项好的教学计划都应该有自己的主线，避免鱼龙混杂、沙石俱下。结合多年教学经验，笔者认为建筑学教育有四条主线。

其一，生活与想象能力的培养，这是建筑学最根本的内容。要让学生了解生活没有好坏之分，只有喜欢与不喜欢之别。对生活的观察、触摸、体验和想象是建筑设计的基础。好的建筑师必须是一名对生活敏感、热爱生活，对生活充满想象力的人。设计的本质是生活的塑造，是设计生活方式。生活与想象能力决定了一名建筑师的适应力与创造力。

其二，空间与形态塑造能力的培养，这是建筑师最基本的语言。要让学生学习空间有其自在生成的逻辑，形式有其自洽的语法与修辞。空间与形态的塑造能力决定了一位建筑师的修养。

其三，材料与建构能力的培养，这是建筑师的基本营建能力。要让学生意识到建筑师必须通过实际建造完成一栋建筑，材料及相关科技是建造的基础。世界上没有不美的材料，世界上也没有无用的材料。材料没有好坏与贵贱，关键在于使用方式和建构方式，每种材料的建构自有其逻辑。

其四，场所与文脉的分析能力培养，这是建筑师应对环境的基本能力。要让学生认识到城市与建筑均属于自然的一部分，建筑是历史文化演变的产物。保护自然、尊重历史、延续文脉，属于建筑师的基本伦理及职业道德。

这四条教学主线应当贯穿整个建筑学教育，四维交错，自始至终。

开启知觉

天赋常人有五识，所谓眼识、耳识、鼻识、口识和身识，人通过五识认识和感知世界，确立自我的存在。但由于一些问题，部分学生关闭了自己的感官，忘记了用自己的身体触摸真实的世界，习惯于接受和盲从，沉浸于抽象符号的世界。这在建筑教育领域并不罕见，学生沉醉于这理论或那理论的说教，迷恋于对著名建筑或著名建筑师的抄袭，却轻视自我对世界的感知。

触摸与感知是相信自在具足的第一步。要让学生坚信“十步之内必有芳草”，习惯于用自己的眼睛捕捉世界的精彩，要让学生善于从不同距离、不同视角、不同时间看世界，打开自己的感官，品尝世界的滋味。

培养习惯

对于建筑教育来说，好习惯比好作业重要。古今中外优秀建筑师无一不是善于观察、勤于动手、精于表达、诚于心智之辈，养成动眼、动手、动脚、动口、动心的良好习惯，既是踏上建筑之路正途的要务，也是达到自在具足、心意呈现的根本。

因此，应要求学生养成笔不离手、本（速写本）不离身、尺不离袋、相机随拍的作风，习惯于用图表达思想，善于发现世界的精彩，善于捕捉环境的问题，要相信习惯的力量，好习惯终将成就一名好的建筑师。

探索空间的可能性

如果说艺术的本质是探索人类理解的边疆，那么建筑学的责任则是开拓生活空间的可能性。

建筑教育应当把探索空间与形态的可能性作为教学的核心内容。空间与形态的可能性是以生活的可能性为前提，材料及其建构的可能性是实现手段，场所与文脉的可能性是边界条件。

对于建筑教学而言，一个人展示一种可能性，一个班则可能展示 30 多种可能性，一个年级就可能展示上百种可能性。对学生来说，在学习过程中重要的是理解和发现空间的不同可能性，而不是去寻找一个唯一而完美的方案。对教师来说，教育更重要的是激发学生探索生活空间可能性的热情，而不是给予一个现成的答案。

改革的难点在于系统搭建

自中国现代建筑教育开创以来，全国各地的建筑学院或建筑系改革的呼声不绝于耳，改革实践者比比皆是。然而，近百年特别是近 30 年以来，个别课程改革者众，局部调整者多，最大也不过一两个年级的课程改革。这造成建筑教育的整体性和系统性被撕裂，学生在学习中感到茫然和混乱。一个学校建筑学专业的教学改革必须要有顶层设计、系统搭建。

改革的基点要回到东方思维

经过40余年的改革开放，国外各种建筑思潮涌入中国，中国建筑教育几与国际同步，也成为某些人津津乐道、沾沾自喜的话题。然而应当承认，迄今为止，我国的建筑教育体系源于西方，依附于国际，经过近百年的演变，从“营养不良”到“消化不良”，基因抵抗、环境排斥等诸多问题依然存在。

全球化时代开放当然是前提，但自我文化意识的觉醒、自我文化遗产的保护、自我文化特质的坚守，也是极其重要的方面。从最富足的北欧五国到邻居日本，都能看到现代化与文化自信可以并行而不悖。就像饮食，我们很乐于品尝西餐等外来食品，但大多数人的肠胃，还是习惯于接受中餐，向往妈妈的手艺。

因此，我们应当开始基于中国人的生活、中国人的习惯、中国人的思维，建构中国的建筑学以及建筑教育，所有这个世界有益的东西，都可以为我所用，但这个体系的基点应当是东方思维、中国基因。

此外，改革的成败在于培养教师。中国建筑教育界思想者众多、改革者众多，然而能坚持而持续者寡。单打独斗的改革多随着领导的更替、教师的退休或兴趣的转移而停滞不前。教学改革绝不能是一个人的行为，必须培养教师，建立群落，因此改革的成败在于能否培养出一批有坚定信仰的年轻教师。

2017年11月29日

（本文曾载于《中国建设报》2017年第6期）

TEACHING ASSISTANTS' COMMENTS
课程助教感言

何星宇

课程助教

现就读于瑞士苏黎世高工（ETHZ）

建筑学院

时间已经过去将近三年，对课程本身细节的印象已开始模糊，但是对刘老师带着同学们考察豫园基地时的两个片段仍然记忆犹新：一个是刘老师在豫园的一个院子里面对着眼前的实景，在速记本上用草图向同学们分析和讲解园林的设计手法，从大的空间组织原则讲到小径的铺地走向、与乔木的关联；另一个是在闲谈中，刘老师提到某个描绘社会边缘群体生活的电影，谈到了自己在看完这部作品后会觉得如果再透过有色眼镜去看待他们会心怀愧疚，并总结道“好的文艺作品能够扩展人理解的边界”。这两个瞬间对我的触动很大，至今仍会不时浮现在我的脑海中，我想一定因为这就是我心目中理想的建筑老师的形象吧。

胡睿

课程助教

现就读于同济大学

建筑城规学院

三年左右的时光过去了，当路过国立柱草坪、红楼专教，或是再到南京路步行街、豫园时，我的记忆又会被拉回到那一堂堂有趣的教学现场。无论是六个小练习还是最后的摄影展览馆设计，我们每个人都以自己的方式“身处其间”，形成了个人化的体验。这种体验远非传统的教与学过程中经验的传递，它更像是一种精心的引导过程，让我们这些年轻的初学者主动地进入生活，有所感知、掌握语言、能够表达。这些体验又不单单是建筑层面的，它还包括对摄影作品与摄影师体验的转译，对城市文脉的理解，对自己与作品关系的思考。作为记录者，我感受到那些个性鲜明的热情、困惑、反思不仅体现在讨论、辩论与设计上，也在“教学现场”之外，为他们在未来找到各自的学术兴趣埋下了伏笔。

TEACHING SCHEDULES
教学内容环节时间表

教学周	课程	内容	其他
第 1 周	开题介绍	学生老师见面，布置空间与光作业	
	空间与光	空间与光作业第一次讲评	
第 2 周	空间与光	空间与光作业第二次讲评，布置空间与景作业	
	空间与景	空间与景作业第一次讲评（户外实地教学）	赵钢讲座
第 3 周	空间与景	空间与景作业第二次讲评（户外实地教学）	刘克成讲座
	空间与色	空间与色作业练习，刘克成课堂汇报，随堂设计并讲评	
第 4 周	空间与色	空间与色第二次讲评，讨论教室色彩改造方案，布置空间与声作业	教室色彩改造
	空间与声	空间与声作业第一次讲评	
第 5 周	空间与声	空间与声作业第二次讲评，布置空间与物作业	
	空间与物	空间与物作业第一次讲评	
第 6 周	空间与物	空间与物作业第二次讲评，布置空间与人作业	席子讲座
	空间与人	空间与人作业第一次讲评	王小慧讲座
第 7 周	空间与人	空间与人作业第二次讲评，布置摄影博物馆基地踏勘任务	
	摄影师展览馆综合设计	第一次基地踏勘（学生自行完成）	
第 8 周		分组汇报三块基地调查的情况	
		第二次基地踏勘（教师带队，分组进行）	
第 9 周		全体评图，根据摄影师及摄影作品选择，明确设计概念；建筑基本体量模型；反映摄影作品展示方式与空间关系的空间意象拼贴	
		全体评图，深化基本设计概念、建筑基本体量及摄影作品空间意象拼贴	
第 10 周		五一假期	
		分组评图，1:200 总体模型（无立面，反映内部空间划分），讨论整体流线及空间	图纸表达专题讲座（王舟童）
第 11 周	摄影师展览馆综合设计	分组评图，1:50 空间模型或空间渲染，配摄影图片，讨论单个空间的设计，包括空间的具体材质	
第 12 周		分组评图，1:200 总体模型，所有平立剖图纸，讨论结构体系	
第 13 周		分组评图，空间再次细化讨论，包括材料、质感对氛围的细微影响，尺度和细部的具体刻画对空间比例和人体感知的影响，渲染成 1:100 材质模型	
第 14 周		分组评图，1:200 总体模型，所有平立剖图纸	
第 15 周		分组评图，对材料和构造的讨论，完成构造设计	
第 16 周		分组评图，1:100 总体模型，1:50 空间模型三个，所有平立剖图纸，内部主要空间的透视渲染，图纸表达	
第 17 周		最终评图	

EXERCISES

小练习

设计教学第一阶段是为期六周的系列专题练习，分为“空间与光”“空间与景”“空间与色”“空间与声”“空间与物”“空间与人”六个主题。

这些练习从作为空间感知主体的“人”出发，对空间中的其他要素——光、景、色彩、声音、物体、他人——进行分解与强化，与课程的主要训练要点相衔接，是“摄影师展览馆”综合设计的热身准备。

SPACE AND LIGHT

小练习：空间与光

光点亮了空间。空间的形态、质感、氛围在光线的作用下得以呈现。某种程度上，是光塑造了我们对空间的基本感知。

在这一练习中，学生被要求设计一个 5m x 5m x 5m 的空间，比较不同光线的引入手段对于空间的塑造作用。完成 1:25 模型以及其他必要的技术性图纸。

ZHANG YANING
张雅宁

本设计以三角形为元素，将漫射光与直射光结合，产生一种神圣感。内部的黑暗使人感觉十分沉重，而倒置的三角引入了轻盈的感觉，消解了建筑的沉重。同时，利用视觉错觉，使空间看起来更加狭长。墙体底部开了一条光缝，使空间不封闭、沉闷。

REFERENCE
参考资料

▲ 德 国 Neviges 朝圣教堂

▲ 美国旧金山当代犹太博物馆

德国 Neviges 朝圣教堂

该教堂位于山丘地形的古老城镇，教堂周围的空间围塑出引导至教堂的路径，以充满动感的结晶体形式呈现。祭坛周围礼拜空间有大面的彩色玻璃，上部的天窗引入光线，创造出神秘、感性的宗教空间。

美国旧金山当代犹太博物馆

建筑将透光材料加入墙面，形成不规则的光影。这种光影大大减轻了墙面的重量感，呈现出朦胧的效果。

LIGHT / SHADOW
光·影

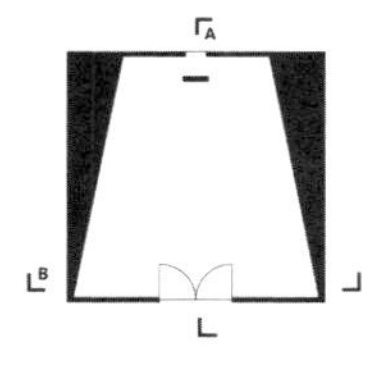

▲ 平面图 （1:50）

▲ 剖面图 A （1:50）

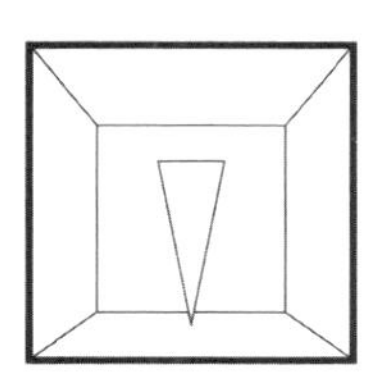

▲ 剖面图 B （1:50）

XIAO AIWEN
肖艾文

利用光带在立方体内壁上的投射，在立体空间中形成视觉上的二维等边三角形。随着光的位置变化，光带在室内也形成不同的视觉效果。

REFERENCE
参考资料

▲ 双宅，Iodice 建筑师事务所

▲ 以色列内盖夫旅纪念碑

▲ Valleaceron 礼拜堂，S.M.A.O.

UNTITLED
无名

REFERENCE
参考资料

▲ 瓦尔斯温泉浴场

▲ 拉图雷特修道院

DANCING WITH LIGHT
光的共舞

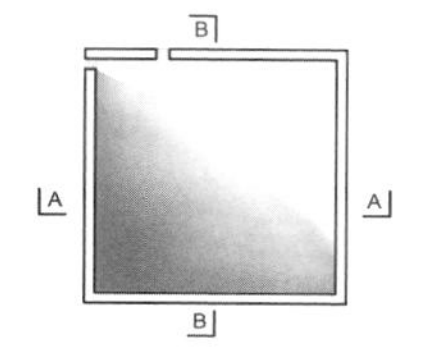

▲ 平面图 （1:50）

▲ 剖面图 A （1:50）

▲ 剖面图 B （1:50）

GE ZIYAN
葛子彦

底部散射进来的光线使空间具有轻盈感和神秘感，并通过楼梯的空间拉长强化了这种感觉；无柱的空间更为纯粹，弯曲的反射面使得空间产生了一些光线变化；通过沙漏形的柱子让底部的光线沿着柱子上升，点亮柱子，柱子在空间中被光线包围，成为视觉的焦点。

REFERENCE
参考资料

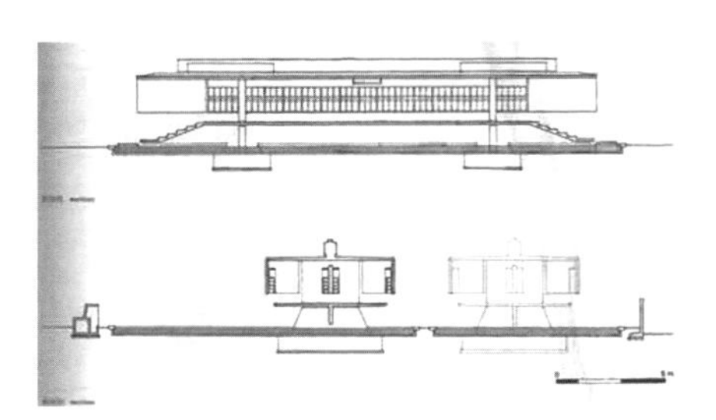

▲ 纳骨堂，菊竹青训

▲ 微园美术馆，葛明

纳骨堂

中间横梁撑起了整个屋面，四周墙体与地面完全脱离，光线从四周的底部进入空间之中，使得空间有了轻盈感。

微园美术馆

当行人身处中央的下沉空间时，外部的景物映入眼帘。站立的姿态使空间产生分割，底部的开洞又使得空间连续。

LIGHT SPACE
轻盈的空间

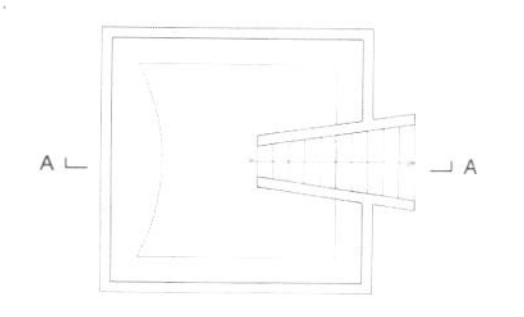

▲ 平面图 a （1:50）

▲ 剖面图 A-A （1:50）

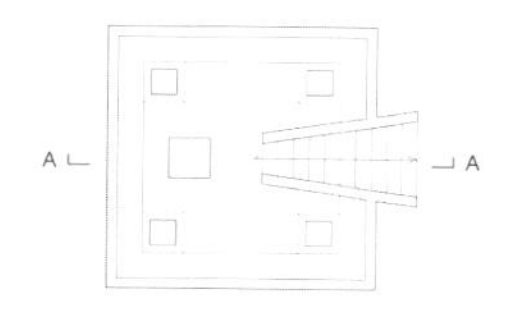

▲ 平面图 b （1:50）

▲ 剖面图 B-B （1:50）

REN XIAOHAN
任晓涵

位于天花板的梁状构件起到了格栅的作用，光线由此分割后洒入空间，消除了墙面的单调感。

在本设计中，我试图探讨格栅形式对光影的影响以及墙壁肌理对光影浓淡程度的影响，因此探讨了各种格栅形式，涉及格栅形状差异、二维与三维差异、排布方式差异，以及墙面的肌理差异，一种相对夸张丰富，另一种相对朴实。

研究结果表明，不同格栅形式的光彩效果差异有大有小。同时，两种不同的墙面肌理也带给人不同的感受，一种光影效果较为夸张，阴翳浓淡对比显著，而另一种则带来相对静谧的感觉，可以使人产生冥思。此外，这一设计还增设了入口，以增强人们的感知。

REFERENCE
参考资料

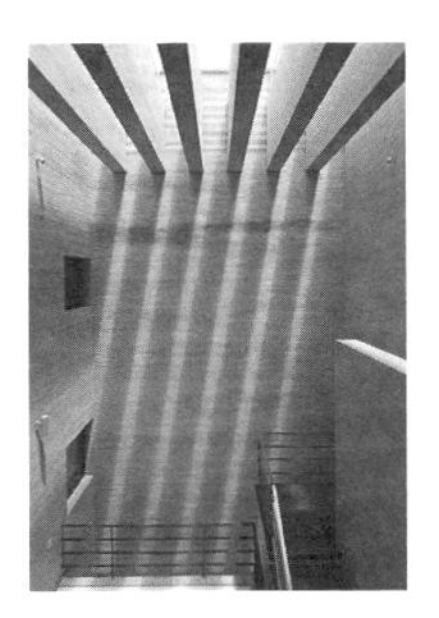

▲ 嘉莱（Gai Lai）住宅，武重义建筑设计事务所

▲ 布莱顿联排别墅，马丁·弗里德里希

▲ 伦敦本特伍德学校

▲ 小筱邸住宅，安藤忠雄

LIGHT / GRILLE / TEXTURE

光·格栅·肌理

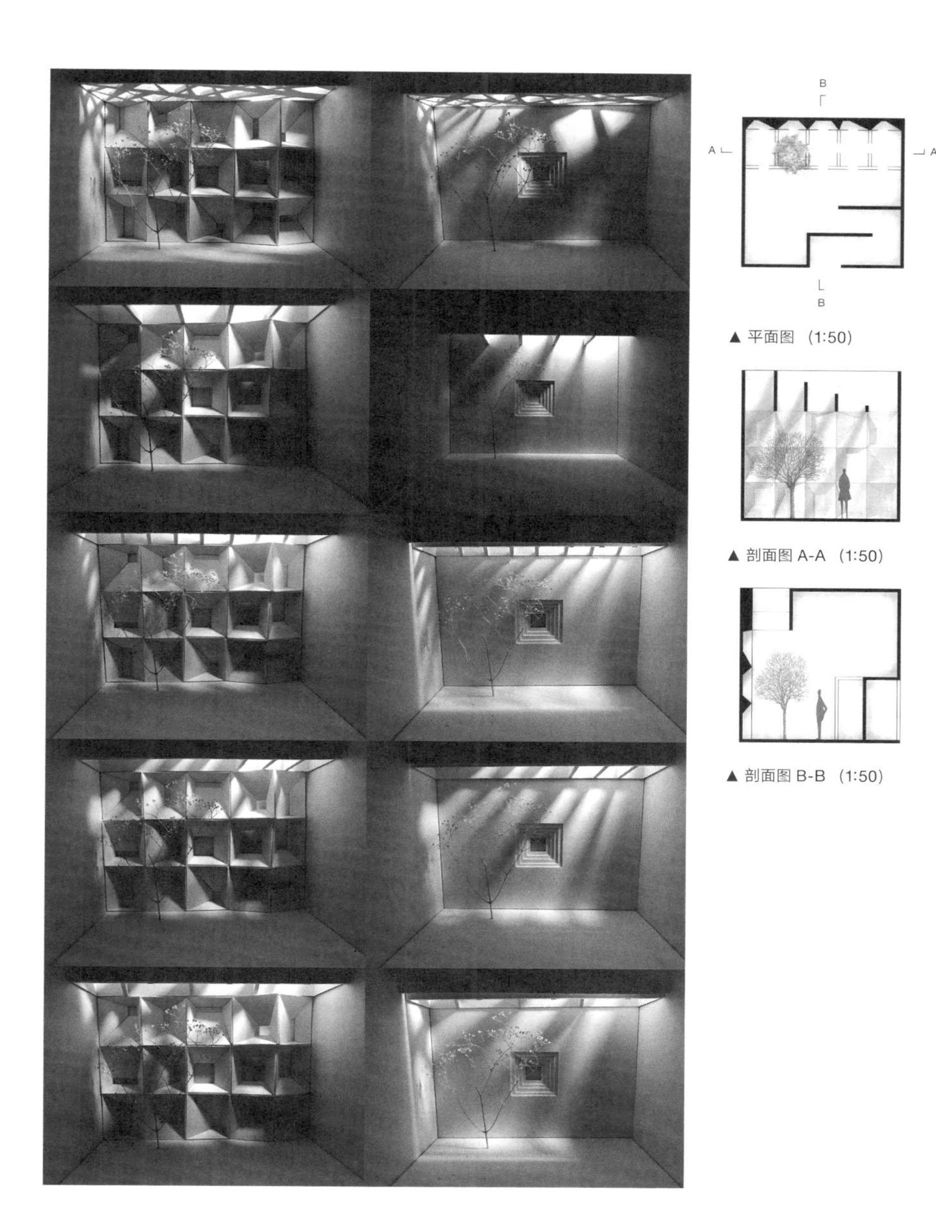

▲ 平面图（1:50）

▲ 剖面图 A-A（1:50）

▲ 剖面图 B-B（1:50）

WU DINGWEN
吴鼎闻

UNTITLED
无名

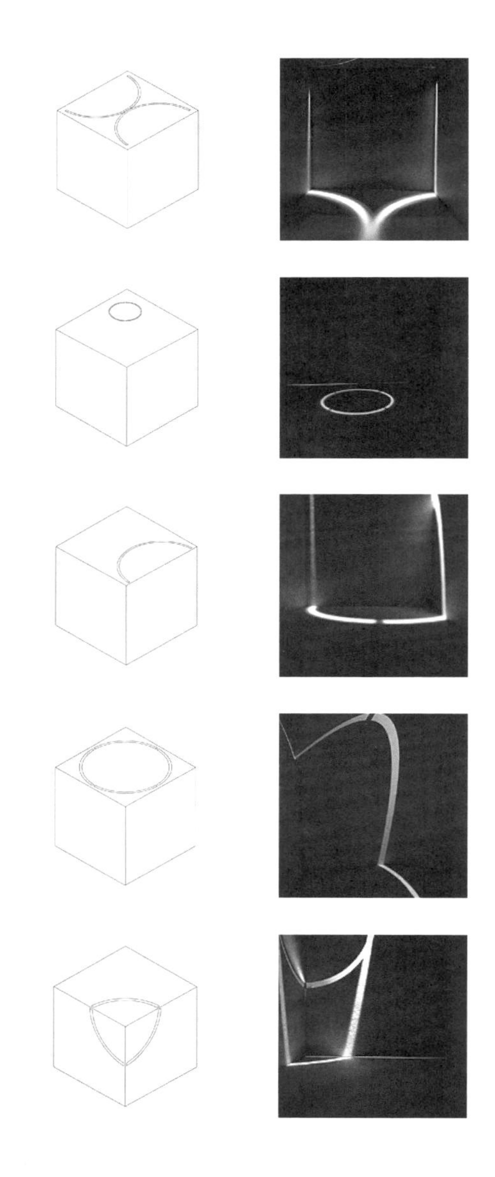

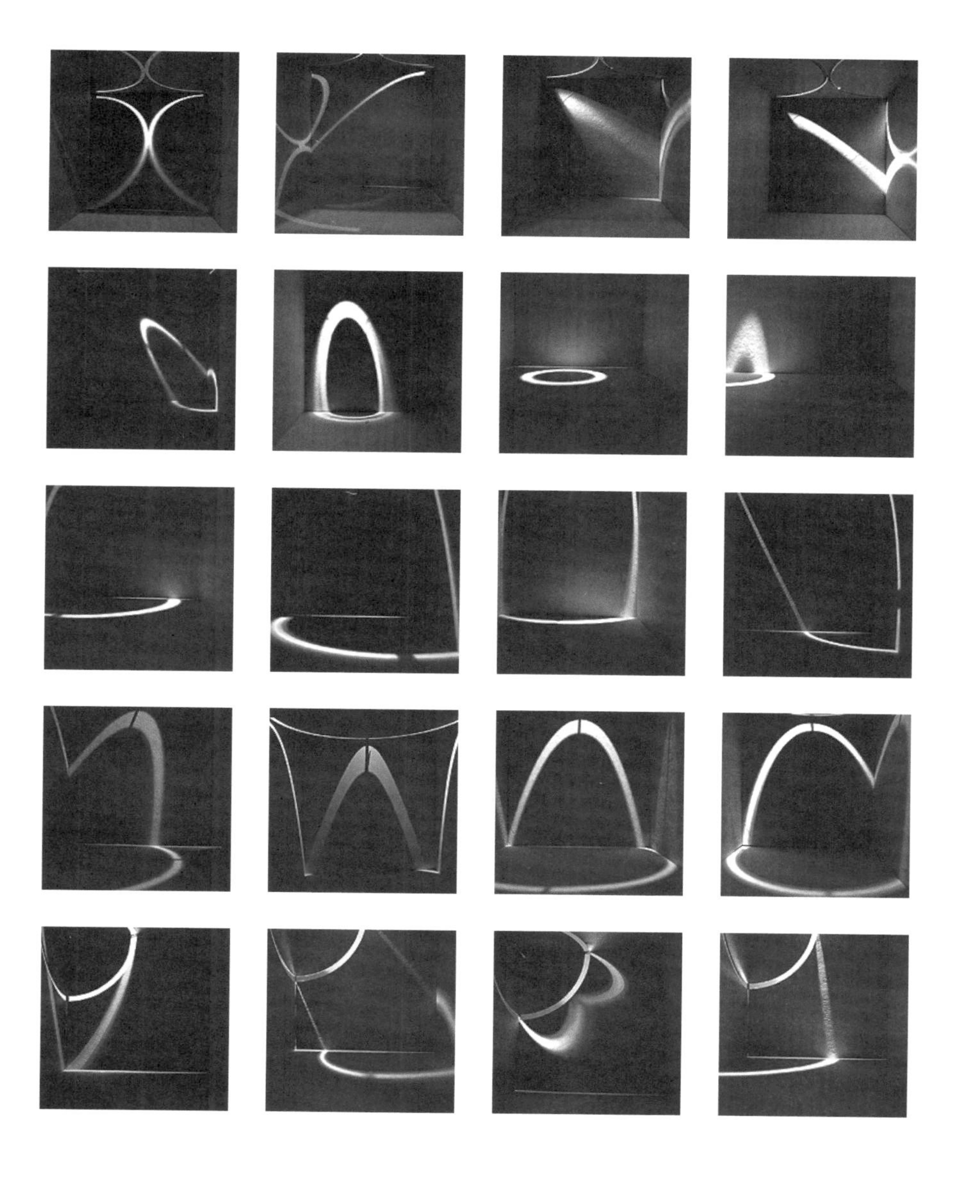

WANG WEIQI
王微琦

光线既可以塑造空间，也可以消解空间。设计通过磨砂玻璃的层层叠加对光线进行多次过滤和反射，并通过逐渐变大的空间抵消透视，从而以富有层次感的光线绘制出平面图案。当人身处在这个空间中时，只能感受到柔和的漫射光，无法感知空间的深度，走到近处才能发现其中的奥妙。

REFERENCE
参考资料

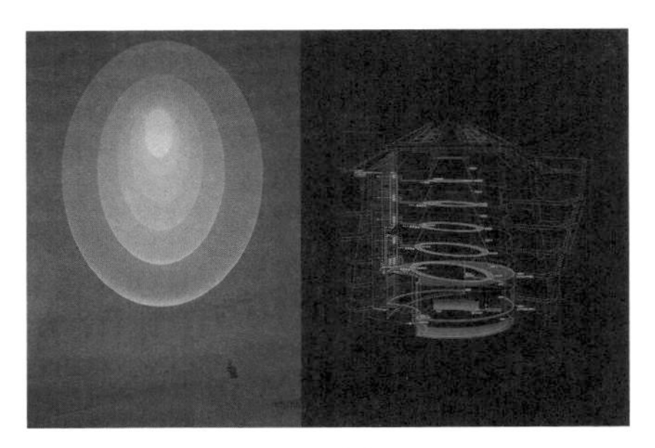

▲ 古根海姆系列，詹姆斯·特瑞尔

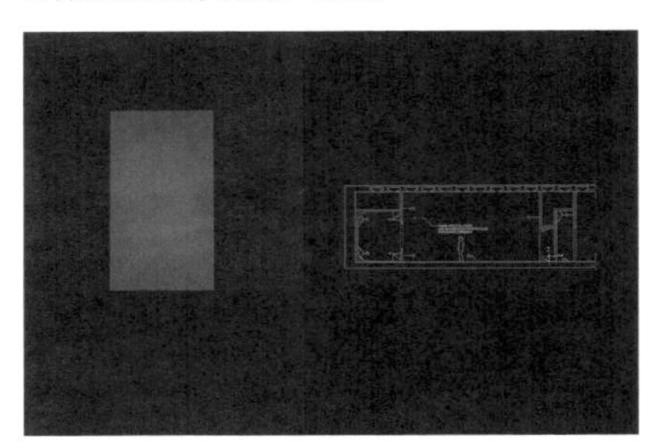

▲ 玻璃系列，詹姆斯·特瑞尔

古根海姆系列

作品以一系列颜色逐渐变浅同心圆为主题，空间设置在天花板处，使人误以为是平面的图案。薄片圆环能够模糊人对于透视的判断，并控制人工的光源恰好照射到环的边沿，进一步消解空间的进深感。

玻璃系列

作品为墙上的一个洞口，均匀的漫射光让人误以为是墙上的一个光屏。利用比洞口更大的一个空间，将光线投射到弧形空间里，形成均匀的漫射光，斜截的墙消解了厚度。

UNTITLED
无名

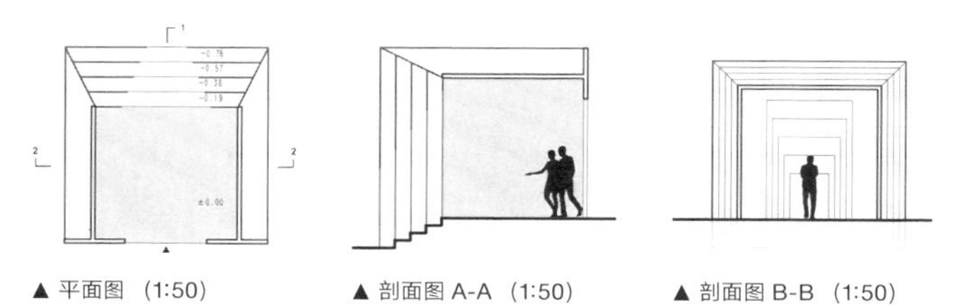

▲ 平面图 （1:50）

▲ 剖面图 A-A （1:50）

▲ 剖面图 B-B （1:50）

SPACE AND SCENE

小练习：空间与景

当空间以某种方式打开，景象会被纳入到空间中。景的引入，与场地建立了关联，也界定了空间的特质。

在这一练习中，学生被要求选择同济大学校园中给定的三个基地之一，设计一个 5m x 5m x 5m 范围以内的观景空间，采用拼贴或实景拍摄的方式推敲室外景观对空间的作用。完成 1:25 模型以及其他必要的技术性图纸。

REN XIAOHAN
任晓涵

UNTITLED
无名

基地位置

国立柱草坪

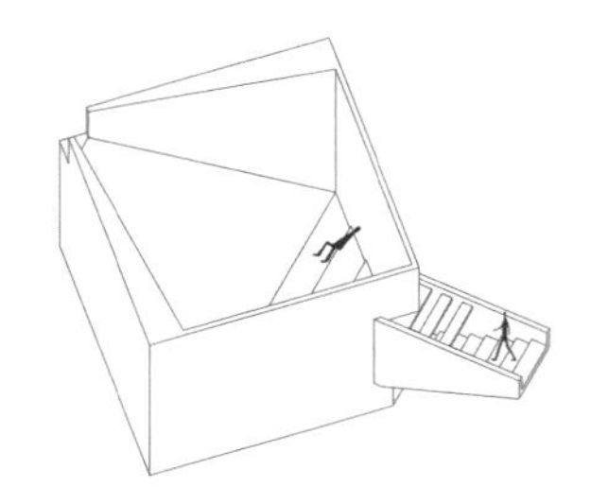

GE ZIYAN
葛子彦

THE TOMB OF TREE
树之冢

基地位置

北楼北

场地中有一截枯死的树干，树干前方有一棵生机盎然的树。此设计试图通过框景，将二者联系起来。进入空间后，窗洞将枯树和部分的底座框景出来，使得看这一动作具有了神圣感。设计的体量下凹，人仰视枯树，使枯树看上去更加高大。头顶的楔形屋面则引导人的视线向下，暗示两个空间将枯树包含在内，墙将部分的树枝囊括在了空间中。人在座位上看这一画面，仿佛枯树又获得了新生一般。

ZHANG YANING
张雅宁

THE LIFE CONFRONTATION
生命的对抗

基地位置

北楼北

本设计位于北楼北面的绿地上。景色中，枯树与茂盛的绿树相对，宛若两股势力相互斗争又互相融合，令人震撼。设计中采用两条相对的曲线加强对立感，两面具有压迫感的实墙，引导人向上观看。

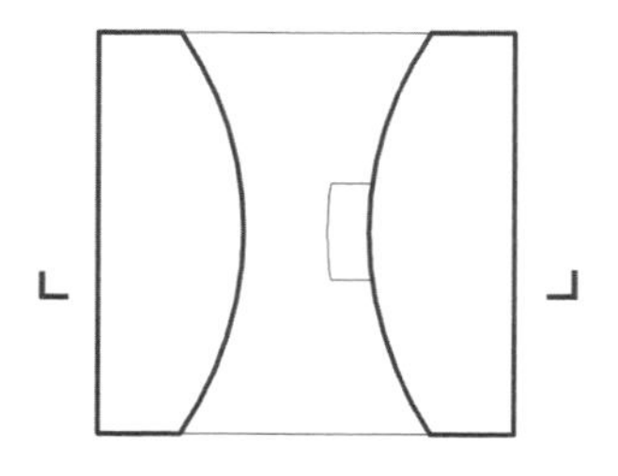

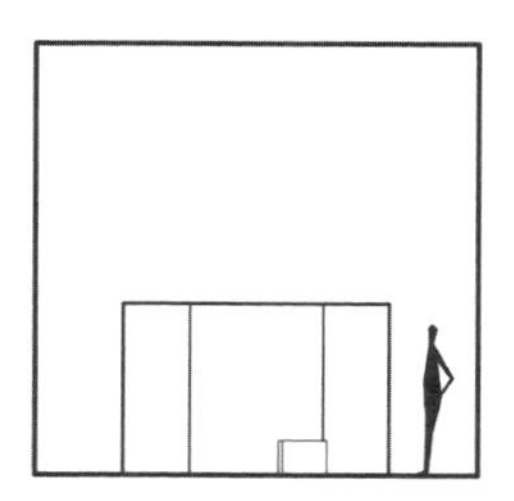

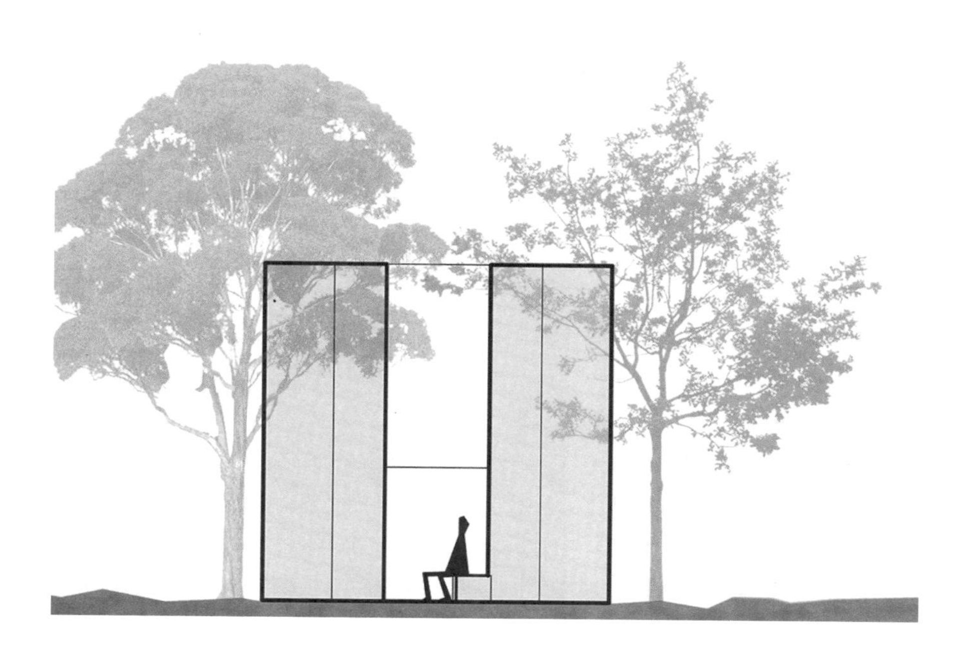

SPACE AND COLOR

小练习：空间与色

色彩会影响空间的氛围、尺度，甚至人对于维度的感知。

在这一练习中，学生需要设计一个 5m x 5m x 5m 的空间，尝试在内部空间的至少两面墙体上使用色彩，并比较其对空间的塑造作用。可用不同的色彩工具直接在模型上涂绘，同时提交空间摄影照片（建议至少两个方案的照片）。

INTRODUCTION
1. 导入

在空间与色彩练习开始之前，刘克成老师为同学们做了导引式的课堂汇报，通过介绍一些经典的实际设计案例，以及自己以往的教学案例，向同学们呈现了利用色彩塑造空间的多种可能性。

DESIGN IN CLASS
2. 随堂设计

在刘克成老师的导入汇报之后，同学们需要在课堂上完成一个随堂设计。根据使用颜色的人数不同，全员被划分为单色、双色和多色三组。同学们可以自由选择色彩工具，在纸上 / 纸盒子代表的立方空间中直接进行色彩塑造空间的实验，并由老师讲评。

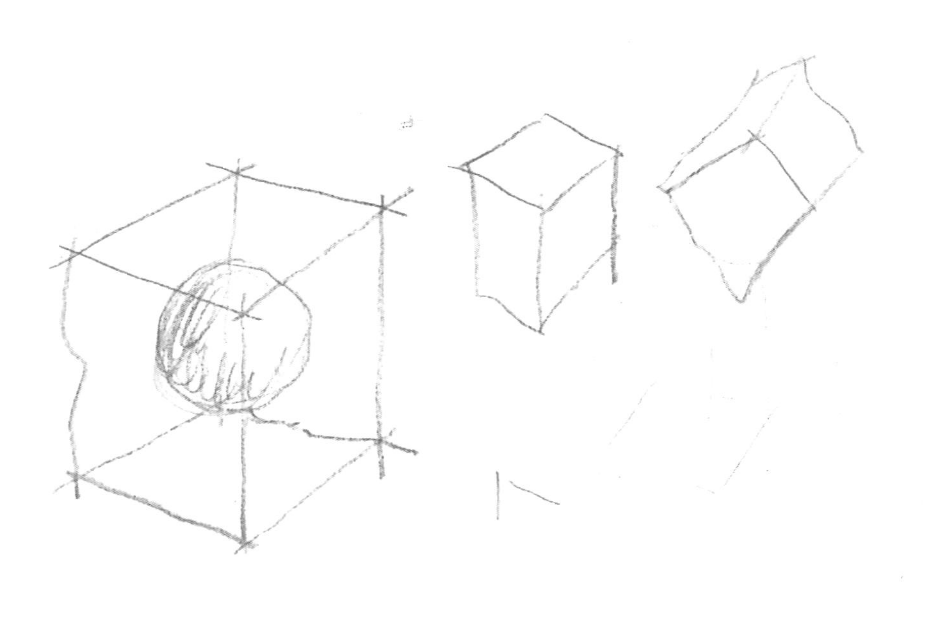

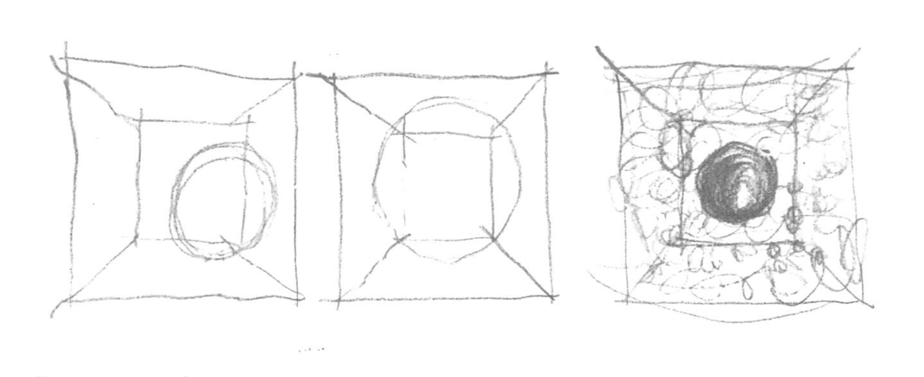

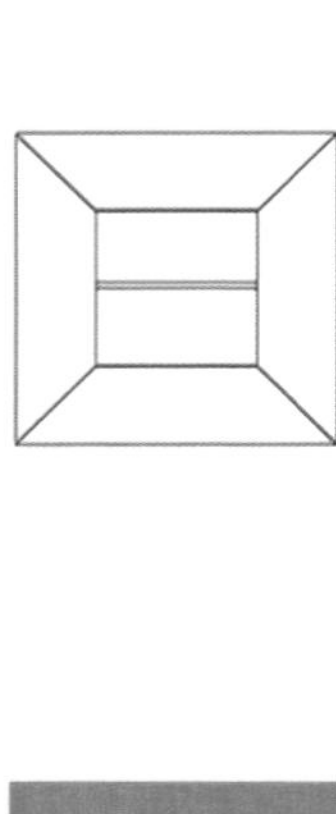

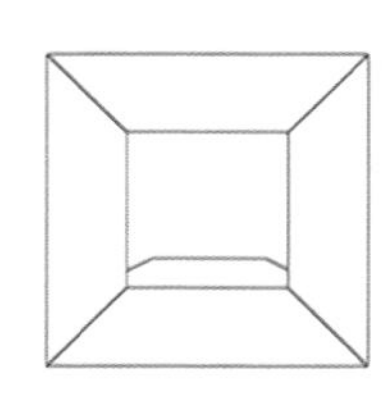

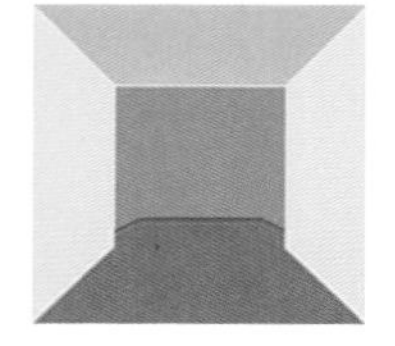

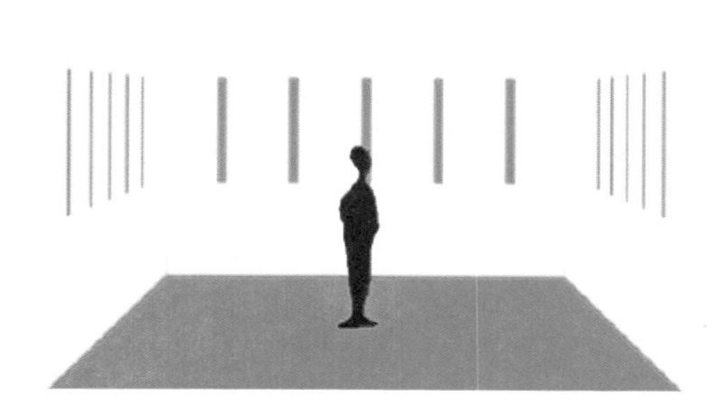

STUDIO REFURBISHMENT
3. 专教改造

作为专题练习的一部分，同学们还对专业教室进行了再粉刷和色彩改造。除了传统的小尺度单元空间练习以外，学生得以在大尺度的实际空间中身体力行地探索色彩对空间的影响。

立邦

方案 A

方案 B

方案 C

SPACE AND SOUND

小练习：空间与声

声音是在空间体验中容易被忽略的要素，对环境声的提取和引入会重新定义一个日常性的场所。

在这一练习中，学生被要求设计一个“校园声音收集器”，在校园里发现 21 种不同种类的声音。选定地点，设计一个 5m x 5m x 5m 范围之内的空间，形式和空间设计要利于收集不同的声音，并使人在其中有更好的体验。完成一个 1:25 模型、一张表达建筑和基地环境关系的剖面图（1:50）以及其他必要的技术性图纸。

LIU XINGJIAN
刘行健

SPHERE OF ATMOSPHERE
氛围之球

这是一条我宿舍楼下的小径，在一日之内声场变化极其丰富。早上清洁阿姨扫地的刷刷声，鸟儿早起的歌唱，同学去上学、吃饭的走路声，等等，时而热烈时而冷寂。这节律起伏的变化背后，正是同济人作息的体现，也是同济作为一个巨大生命体的心跳。

设计本身采用了双层球状结构，声音从门洞传入之后经过多次反射，信息量较多的中高频和刺耳的高频将会大幅度衰减，中低频得以加强。于是声音的信息量大规模减少，成为一个单纯的声场，只有冷热动静的氛围变化，以期体现“心跳”的主题。

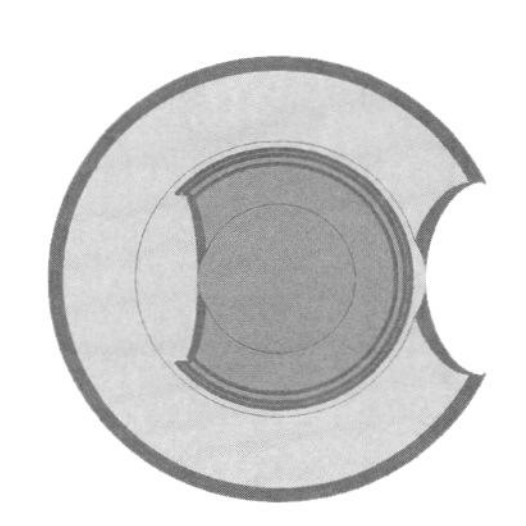

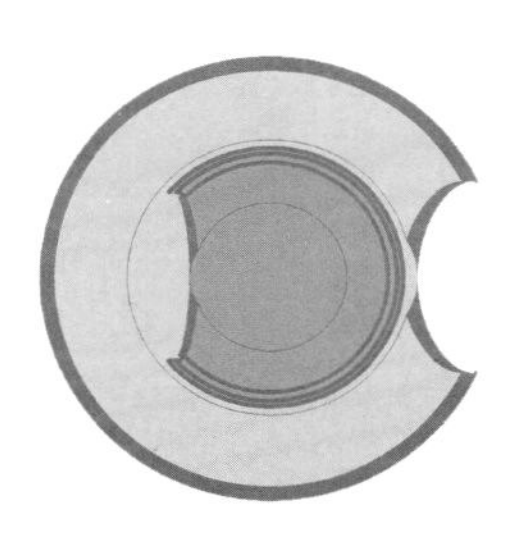

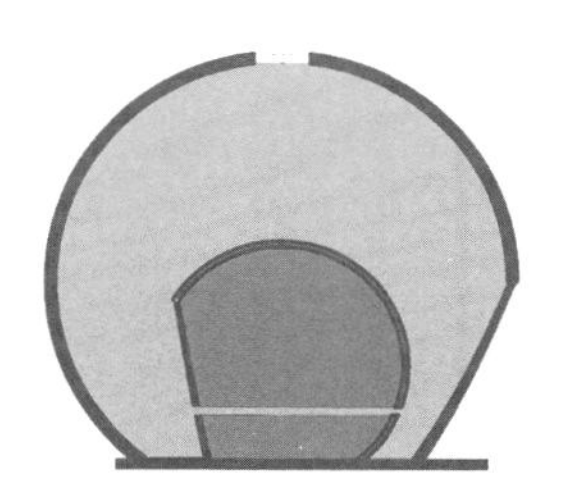

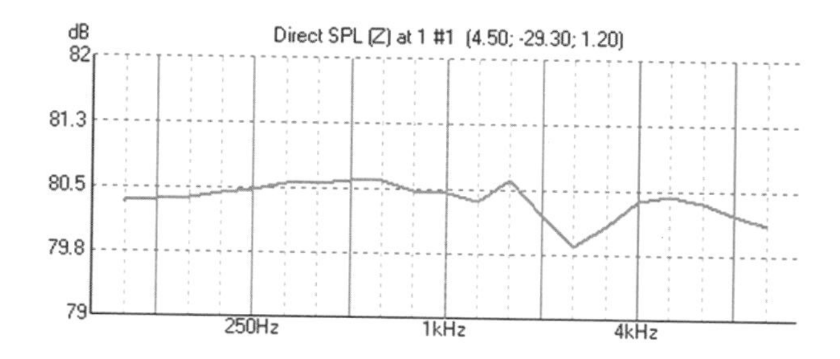

直达声声压级频谱分析，采用 EASE 4.3 进行模拟

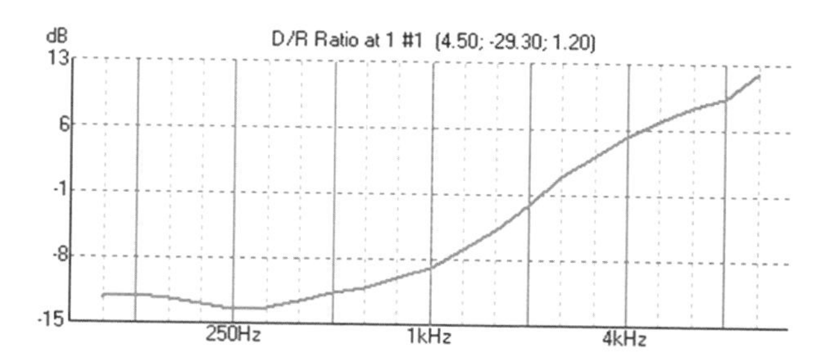

直达声 / 反射声比，可见低频段有多次反射声，而高频段的能量集中在直达声

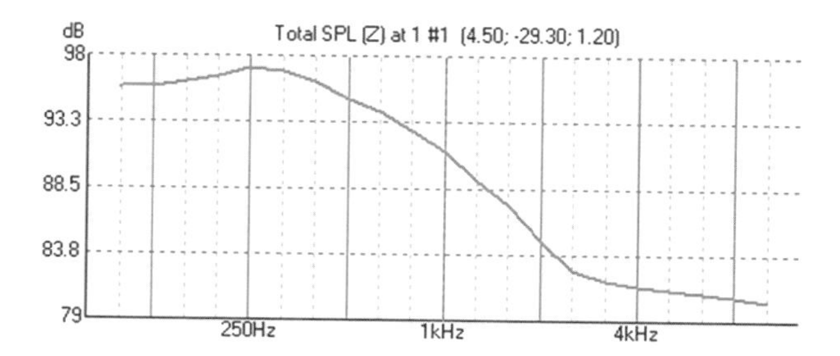

总声场声压级频谱分析，可见经过多次反射后各频段的增减。中低频飙升，高频消弱

WU DINGWEN
吴鼎闻

SOUNDSCAPE IN METRO
同济大学地铁背景

地铁站日复一日报站提醒着人们同济大学到了，这无疑是最能体现同济特质的声音之一了。

作品希望利用声音“波”的特性，由数根纤细的镜面金属深埋入地下，露出上端形成阵列，通过巧妙的设计，人们可以从中找到路径自由穿越。当地铁来的时候产生震动传递到这些金属条处，使之晃动产生乐音。这些美妙和音乐昭示着地铁的到来。从视觉和听觉上，都成为同济大学地铁站的一道独特的风景。

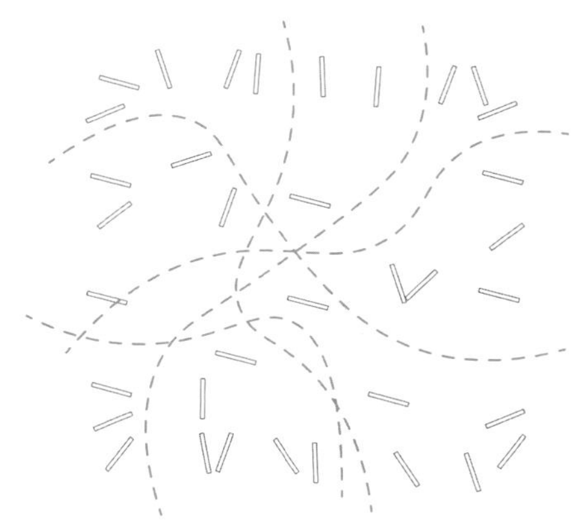

同济大学
请勿上下车
文明礼让

SPACE AND OBJECT

小练习：空间与物

物体当被置入空间中时，会被观看、触摸，成为体验的对象。不同的物体会对空间形成何种不同的影响？与作为主体的观者又构成怎样的关系？

在这一练习中，根据选择展品的不同类型，学生被分成四组（首饰、书画、青铜器、大件），要求设计一个 5m x 5m x 5m 的空间展示这个展品，设计手段不限。要完成一个 1:25 模型、一张表达空间氛围的剖透视，以及其他必要的技术性图纸。

REN XIAOHAN
任晓涵

MOON STATION
月亮站

一个钟摆面对所有的复杂和未知，这不正是人类面对宇宙时的真实写照吗？在本设计中，一层空间通过将展品抬高、将人的视线压低，以及使用黑色墙壁等手法，使人的视线集中于展品，展现简单运动带来的复杂性。光从展品底部照射上来，使展品漂浮于空间之上。人们将会带着疑问走向二层，去探寻摆锤运动的真正原因。

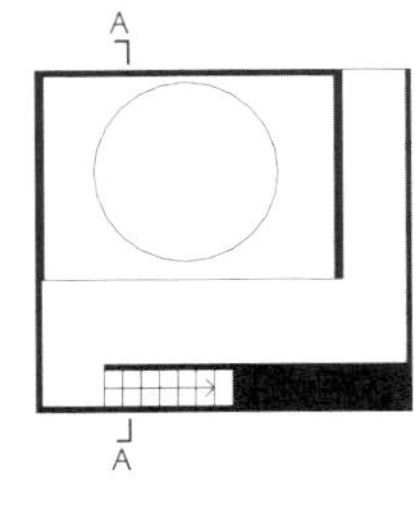

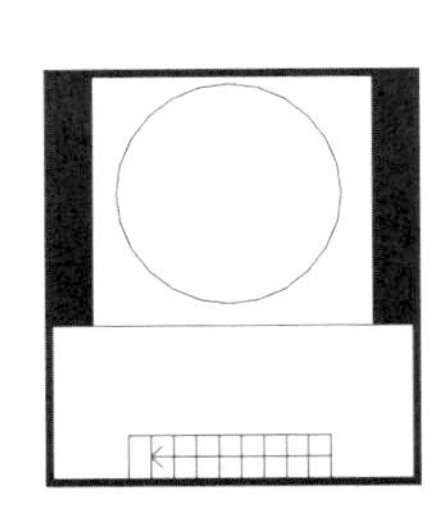

GU MENGFEI
顾梦菲

POSTER AND SPACE
海报与空间

平面作品选自美国独立女歌手拉娜·德富的专辑 *ULTRAVIOLENCE*（超暴力）的宣传海报。拉娜·德雷音域广泛，低沉时如女巫吟咒，高音又迷人馥郁如少女，随性脱俗。空间充分运用海报易弯折的特点，看似随意的张贴却使人在进入空间时，可以从不同角度对海报进行观察。强烈的轴线对称关系以及光线与柱子形成的符号引导人继续深入，从对海报的不可见，到看到一角，直至看到全部。昏暗空间中的光线洒入，照亮了海报中拉娜的脸，凝视间情愫暗涌。

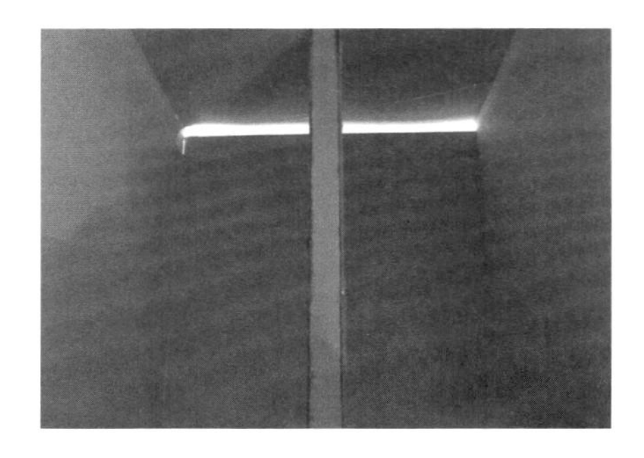

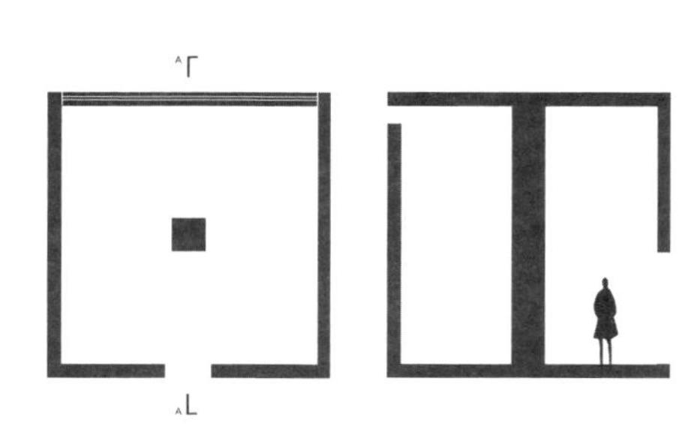

AGE & RET

LANA DEL REY

ULTRAVIOLENCE

XIAO AIWEN
肖艾文

UNTITLED
无名

空间展品司母戊方鼎长1120mm，宽792mm，高1330mm。空间通过顶部长筒采光在青铜器顶部引入自然光。再透过底部的光使人与青铜器产生一定的距离感。青铜器的高度设置使人的视线与其最精彩的外壁花纹持平。人在空间中能够环绕着走动，观看青铜器。

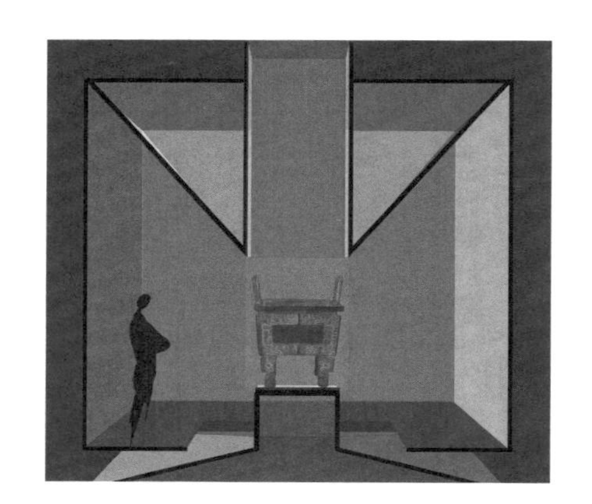

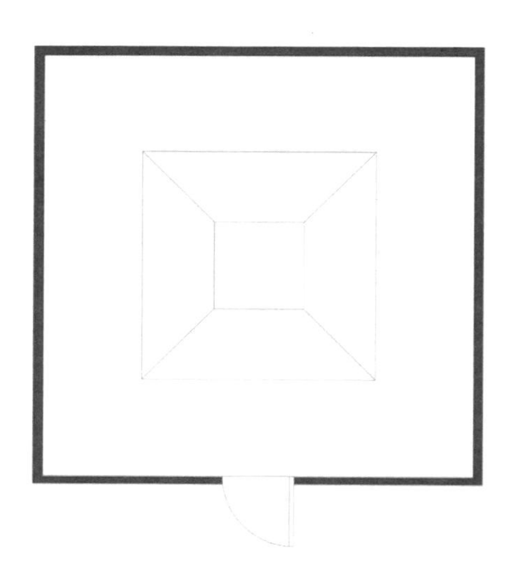

SPACE AND PEOPLE

小练习：空间与人

当不同的个体处于同一空间时，空间便成为了容纳不同行为、情境的容器，不同个体之间的相互聆听、观看、接触可由空间激发。

在这一练习中，学生需要设想一种个体间（双人或多人）的相互关系，设计一个 5m x 5m x 5m 的空间，使其成为激发这种相互关系的场所，从而讨论空间和人的行为之间的关系。完成 1:25 模型以及其他必要的技术性图纸。

XIAO AIWEN
肖艾文

UNTITLED
无名

透过楼梯排列使人在空间中几次背道而驰又几次相遇。人在空间中的行为目的始终是逃离对方，每一次逃离却又不得不再次相遇，因此将空间的主题命名为“冤家路窄”。

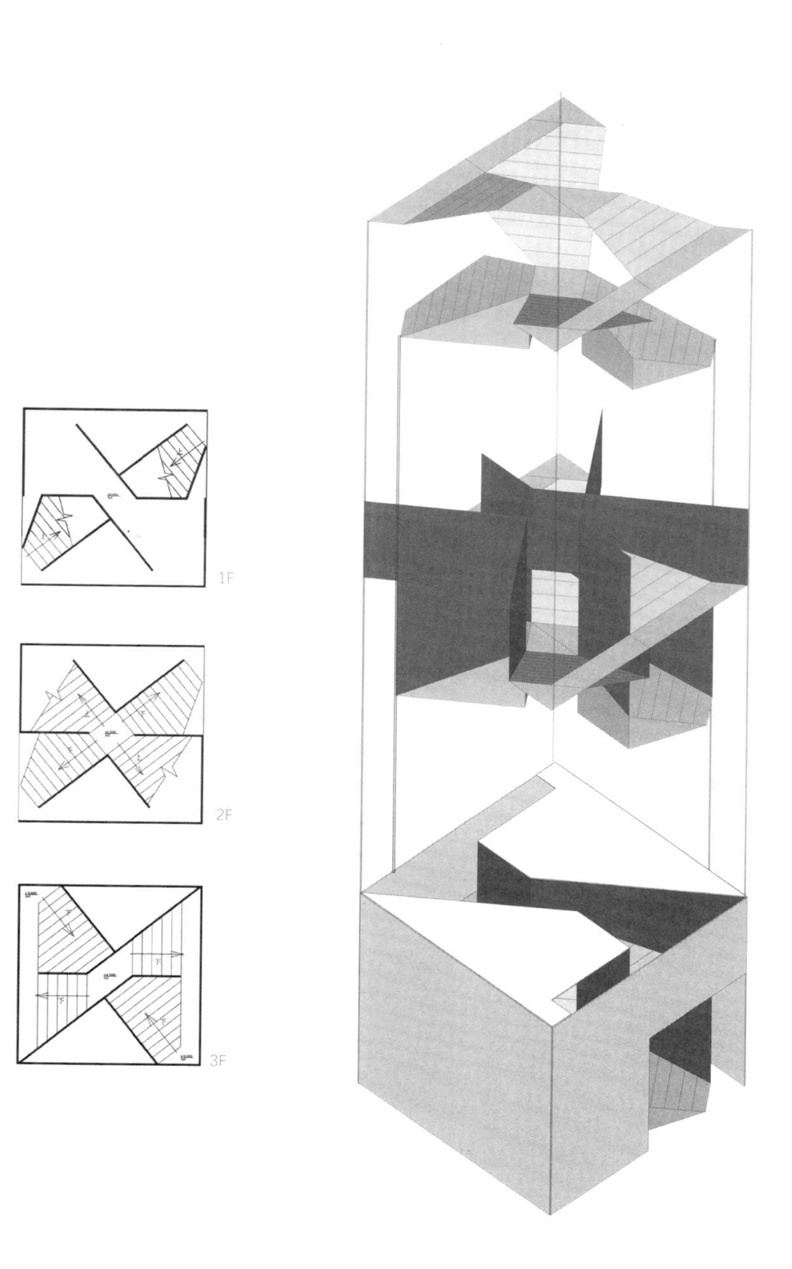

1F
2F
3F

JI WENXIN
季文馨

DIALOGUE BETWEEN SHADOWS
影子对话

设计中主要分为两个对称空间，两个人在两个空间中无法直接看到对方，仅能通过声音与影子来进行交流。两个光源将影子投射在观者前方的墙面上，两人影子交互、重叠，产生各种互动。较暗的环境以及避免直接互望的关系，使人在空间之中更加放松。

LIN TIAN
林恬

REVERSED CORRIDOR
反走廊

设计旨在讨论空间中的两个人对距离的感知，颠覆了一般意义上物理距离与心理距离的关系。

在入口位置时，两人由镜子对视，感知到对方就在附近。行至中部，两人被玻璃隔绝，可见但不可及，产生距离感。

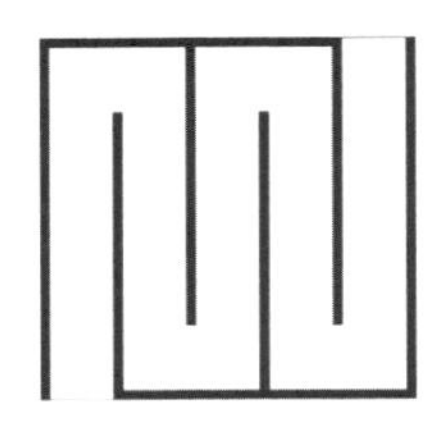

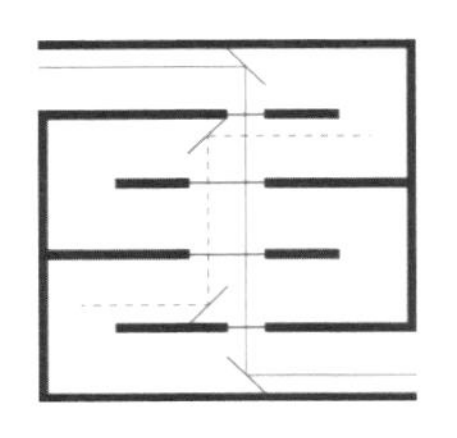

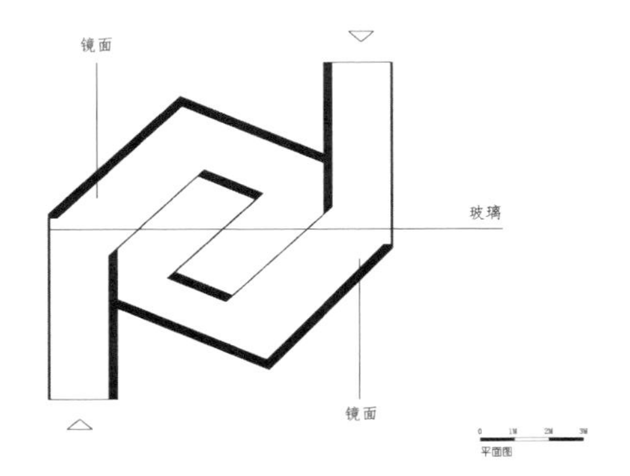

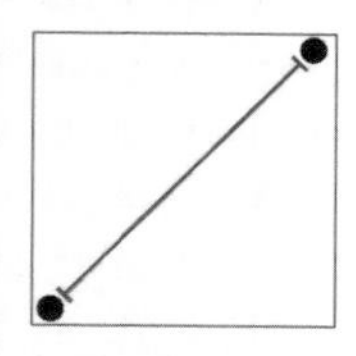

方形平面中两人之间最远的距离是矩形对角线的长度。

一般走廊中人与人之间的距离感与物理距离呈正相关，同时物理距离激发了视线关系和行为。

PHOTO-GRAPHERS AND LEC-TURES

摄影师 & 课程讲座

课程系列讲座贯穿教学环节始终。刘克成教授的“自在具足，心意呈现”介绍了西安建筑科技大学的建筑教学实践和自己的设计教学理念，使同学理解建筑师成长中所需要的能力、态度及可能达到的境界。赵钢、席子、王小慧三位摄影师的讲座帮助同学理解摄影这门艺术，为更好地完成“摄影师展览馆”的建筑设计打下基础。2012 级实验班学长、哈佛大学 GSD 研究生王舟童的讲座“从意象到图像”，以及他曾几次参与课堂讨论，对同学的图纸表达给予启发与指导。

THE
NORTH
FACE

ZHAO GANG
赵钢

赵钢，曾任《新京报》摄影记者、《华夏地理》摄影师、《新周刊》摄影记者。1996年开始职业摄影，为杂志拍摄图片故事；2012 年起成为自由摄影师，从事摄影教学与摄影创作。2016 年任“雪花古建筑摄影大赛”评委。2017 年受聘南方科技大学“摄影基础理论与实践”课程任课教师。

在 1992 年至 1996 年大学期间，赵钢完成了第一部纪实摄影作品《我的大学》，此后主要摄影作品有：《北京地理》系列报道、《故宫大修》、《布达拉宫》、《谁毁了我们的长城》、《景德镇》、《古老的风景》、《文明的痕迹》等。其中《我的大学》于 2018 年 5 月由浙江摄影出版社出版。

从报道摄影师到影像艺术家，他实现了从注重摄影记录功能到强调影像自身呈现的转变， 也同时转向了对艺术家内心感受以及意识的表达。

FROM RECORDING TO PRESENTATION
从记录到呈现

讲座从如何喜欢上摄影、摄影是什么、能用摄影做什么等问题出发，赵钢回顾了自己从摄影爱好者到职业摄影师的从业经历，分享了不同时期的摄影作品及自己的思考。

他认为摄影是用技术把光的现象记录并作用于人类视觉的手段，其本质属性在于对信息、场景等的记录。但摄影又不仅仅是一种记录，它以一种创作的形式来表达摄影师的发现、理解与态度。

从记录到呈现，摄影中的“光”已经不仅是一种由技术手段呈现的现象，摄影师通过光线对物体形态的呈现，进一步呈现出作者心中想要的样子，达到“以光绘影”的目的。讲座还以摄影师的角度从影像与空间的关系、建筑师与摄影师的合作方式等方面回应了对本次“摄影师展览馆”设计任务的见解。

XI ZI
席子

席子，本名席闻雷，出生于上海。曾供职于麦肯光明广告公司，现为自由摄影师，摄影作品多为老建筑及居民日常百态。

2007 年，席子第一次把镜头对准上海的那些老建筑，之后他成为“专职”城市摄影师，拍摄记录上海城市变迁、近代历史建筑，特别关注即将消失的老建筑。他的作品多次刊登于《中国摄影》、《上海摄影》、《中国画报》（海外版）等报刊杂志，亦刊载于《上海：1842 ~ 2010，一座伟大城市的肖像》一书。曾推出“上海篮子”“上海字记”“上海屋里厢”等展览。

出版摄影作品有《上海里弄文化地图：石库门》（合著，同济大学出版社，2012）、《上海屋里厢》（合著，上海人民美术出版社，2016）等。

FRAGMENTS OF SHANGHAI
上海碎片

讲座通过展现摄影师多年来以上海城市遗产为关注对象的摄影作品，表达出作者为城市有趣的老空间留下记录的愿望，以及对摄影、建筑、空间与场景的理解。这些作品多数是上海近代建筑遗产，大部分拍摄的时间选在晚上，以期捕捉到平日未曾发现的乐趣。席子认为这也是摄影师敏感度的体现，在城市变迁的新旧对比中呈现出碎片化的城市印象。

在有关居民生活场景的作品中，摄影师表达了对“人”的关注，他认为摄影作品的内容都应与“人”有关，但画面本身不一定要有人，即便画面中没有人，读者也可通过生活场景感知到人的存在。

席子认为，一张照片中往往含有多个主题，但在某个特定空间中会突出某个主题。这也与设计任务中为“摄影师展览馆”选择摄影作品密切相关。

WANG XIAOHUI
王小慧

王小慧，旅德华人艺术家。1983 年、1986 年分别获同济大学建筑学学士、硕士学位，之后赴德国访学，在慕尼黑工业大学建筑学系、慕尼黑电影学院导演系进修学习，并向专职摄影师方向发展。

她的早期创作以摄影为主，主要作品与展览有“光与反光”、“女人”、“感性的花和抽象人体”、“从眼睛到眼睛”、“红孩儿”系列、“花之灵”系列、“上海女人 —— 现实与非现实之间”等，她的摄影作品以及电影《破碎的月亮》荣获多个奖项。她的跨界艺术实践横跨摄影、影像、雕塑、设计、新媒体艺术与写作等多个领域。

王小慧有五十余部画册和书籍在国内外出版，其中自传《我的视觉日记》影响最广，获“冰心奖”“全国女性文学奖”和“上海优秀图书奖”。

MY CROSSOVER ART
我的跨界艺术

讲座以王小慧艺术人生中的“跨界”实践为主题。她将“跨界”视为一种新的方式、新的生产力，需要艺术家不拘泥领域、不限制灵感方可实现。她广泛的艺术实践中不仅体现出“跨界”的形式，更有“死亡带来新的生命”的感悟以及“生、死、爱”等主题。

讲座中，王小慧讲述了自己将艺术与生命相融合，用艺术加工经历、表现经历而非仅仅记录人生的艺术创作与追求。她的艺术实践是从艺术中找到自我，不断比较东方艺术血脉与西方艺术营养的差异，并从中找到灵感。

她认为艺术的发现都是发现自我的过程，艺术家需要用心而非用眼去看世界，以此形成新的创作而非重复别人的东西，实现独一无二的设计。

BECKHAM
32

DESIGNING PROCESS

设计过程

在六次设计练习与三次摄影师讲座之后是为期两个月的“摄影师展览馆”综合设计。

“摄影师展览馆”综合设计要求学生对基地及周边物理环境、社会状况有综合的认识，以及在分析摄影师作品及其与展览空间、周边关系的基础上，对建筑体量、环境关系、作品选择、展览空间、平面布局、建筑立面及最终效果等提出设计方案。

SITES
基地选址

“摄影师展览馆”的基地选址划定了三处范围：南京东路步行街——大量人流的都市繁华街道，豫园东（安仁路—梧桐路路口）——呈现出底层寄居的高密度市井生活图景，虹口张桥路居民区——拥有接壤古典园林的传统城市肌理。要求同学在选定摄影师及其作品的基础上，确定哪个基地及其周边环境更有利于激发参观者对摄影师及其作品的理解。

▲ 1 号基地 南京东路步行街

▲ 2 号基地 豫园东（安仁路—梧桐路路口）

▲ 3 号基地 虹口张桥路居民区（棚户区）

SITE SURVEY
前期基地调研

通过现场踏查、资料查阅等多种手段和媒介，记录并把握基地的基本情况。现场踏查要求通过不少于 40 张照片、尺度不小于 A3 的两处深度素描、采访等手段记录基地与周边环境，以及感兴趣的人、事物、情景。

在踏查前后查阅与基地相关的论文、图书、历史资料等文献。最后由小组集体制作比例为 1:100 的基地及环境模型，由个人完成对基地及环境感受的文字表达。

EAST NANJING RD.
南京东路

张梓烁

关于基地的生死状

南京东路的特殊性在于，不像传统的基地有明确的边界和红线范围。

步行街两侧每隔 50m，建筑风格就会发生变化。迥异的立面形式，既有来自不同地域文化的影响，也有不同时代留下的痕迹。这种片段性的组合潜藏了包容的城市文脉。一条街道浓缩着生活的所有形态，就像是这个城市欲望的集合体。

欲望有几个层面：首先，资本与意识形态的渗透在中国式标语中达到高度统一，以近乎挤压的状态占据了所有可用的空间；其次，人的身体，通过自拍、合照、购物多种姿态，疯狂又无意识地占据着资源，集合体内人的行为显得机械麻木，作为个体的意识被集体的物欲侵蚀；最后，是城市空间欲望的集合，作为中国最繁华的城市里最繁华的街道，它包容了所有城市功能，广场舞、观光车、休息区、美食街共同存在，展现着城市所有可能的形态，并如此和谐统一地汇聚在一个街道里。

博物馆置身其中，要通过作品短暂地唤醒个体深处独立的人格意识，既要符合基本街道尺度，保持原有城市空间，又要将新的展览空间自然地放进这个序列中。

YUYUAN
豫园东

曹阳

似曾相识处

比起四周，这里似乎忘记了发展。商业街的新，灯红酒绿、金碧辉煌，它不能望其项背；豫园的古，满眼望去都是上流社会的好古和自矜，它又只能自惭形秽。坐落于豫园紧闭的东门下，他只能仰望乍是威武的飞檐，挤在商业街的夹缝里，渴望能从误入的游人身上狠宰一笔。

在用钱砸出来的一片盛世景况里，这里很黑、很脏、很狭窄、很破败，没有游客会屈尊前来。它充斥着尿骚味，打碎的锅碗瓢盆和瓦片，廉价的小商品刺眼的反光，佝偻着背吹着牛倒夜壶的老人。一瓶矿泉水都要你 4 块钱，不买不让你拍照，可见人性之复杂。

这样狼狈而光鲜亮丽的“波将金村”背后，是无论南北的无数国人每天，甚至一生都在辛苦挣扎或欢欣游荡的地方。这并没有什么不好，毕竟怎样都是一种生活，建筑师或者一切冷眼旁观的外人都没有评头论足的资格。谁给你的自信，为了保持城市风貌与丰富性就让人过这样局促的生活？可又是谁给你的傲慢，看到人这样活着就觉得他们卑微龌龊？无非是如人饮水，冷暖自知。

一墙之隔，就是一个繁华却与你无关的世界。欣慰或可悲，普天之下尚有万千似曾相识处，尚有万千乡邻与同袍。

ZHANGQIAO RD.
虹口张桥路

王微琦

因为我们没有在棚户区生活的经历，也很难接触到在这里生活的人，所以难以想象他们的生活方式，甚至很少将自己的眼光落到这样一片区域上，以为所有人都应该跟自己一样过着现代而体面的生活。一提到棚户区，就想到贫民窟，就想到脏乱差、疾病肆虐，就想到丑恶与绝望，就想到“狗镇”居民人性的扭曲，将这里的人妖魔化，然后离他们远远的，最好永远都不要碰到。

而生活在这里的人，依旧保持着村落式的人际关系，邻里之间相互熟识。一旦有陌生人闯入其中，便立刻能注意到，并用提防或者好奇的目光，紧紧锁定住他。

当住在高层公寓的有钱人，俯视这样一片混乱肮脏的棚户区时，会不会自认为高人一等？而当棚户区的居民拎着痰盂走在狭窄的弄堂里，抬头透过密布的电线仰望高楼时，会不会产生一种卑微感？

事实上，即使是生活在同一片棚户区的居民，他们的生活也完全不同，原先我们的想象完全是一种偏见。而他们出于提防的注视，也是一种偏见。

单向的注视不能消除任何的偏见。想要了解一个人，理解一个人，必须走到他的跟前，在能够看清他的眼睛的这段距离之内。

SECOND SITE SURVEY
二次调研

1. 现场教学

在基地自行踏查、分组汇报、进行了摄影作品与基地关联的初步讨论之后，由刘克成老师带领“豫园组”，王凯、王红军老师带领“张桥居民区组”“南京东路组”对基地进行二次调研、分析与现场讨论。

SECOND SITE SURVEY
二次调研

2. 拟定任务书

在基地调研、摄影作品理解的基础上提出设计任务书。选定摄影师及十张摄影作品及其展览馆所在的场地，提出展览馆建筑设计的出发点、模式、主题及其基本构想，初步明确功能、行为与场所的关系。

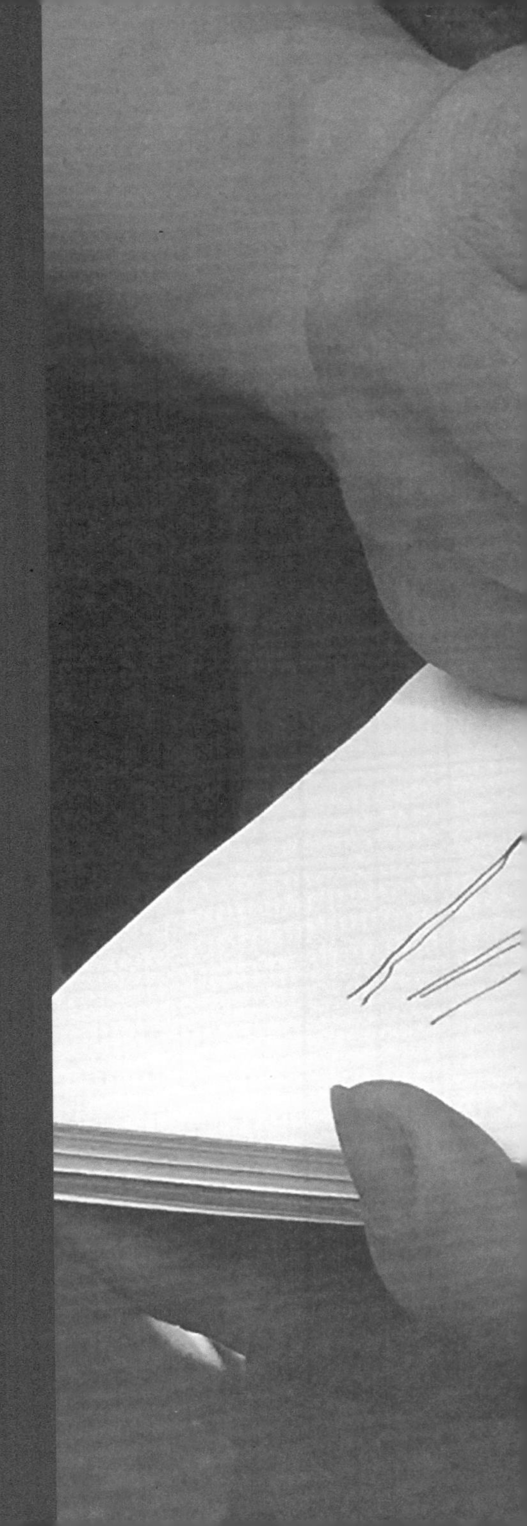

SECOND SITE SURVEY
二次调研

3. 空间拼贴 & 基本体量

基地二次调研后的两周时间内，开始推敲建筑体量，制作建筑体量模型，并在基地及环境模型当中反复考量；考虑摄影作品展示方式及与场所的关系，生成摄影作品展示的拼贴图。通过建筑基本体量与展示空间拼贴，明确设计概念与关键词，利用三次课的时间进行分组与全班的评图讨论。

SECOND SITE SURVEY
二次调研

4. 方案深化

随后的六周时间以分组评图为主。前两周主要关注各层平面，通过空间模型、室内透视图等工具对内部空间、功能安排、建筑高度、出入方式等做出相对完整的设计。第三周安排一次中期的三组联合评图，基本确定方案。之后的分组评图，围绕 1:100 平面图、剖面图与模型进一步完善、深化方案，并开始内部主要空间的透视渲染等工作。

最终成果以A0图纸与1:100比例模型呈现。

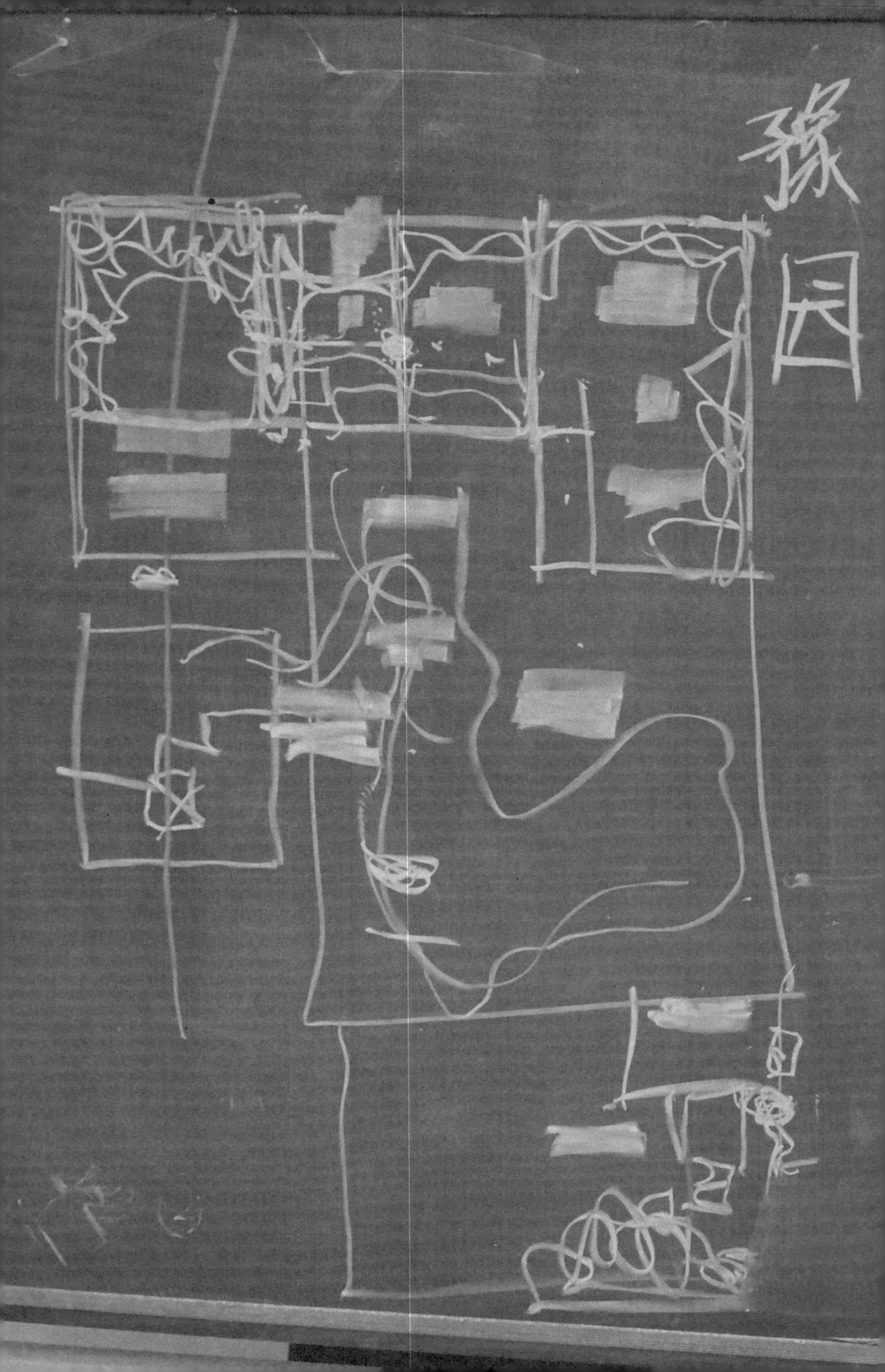
豫园

VARIOUS COMMUNICATION
多样化师生交流

从课程前期的六次设计练习到“摄影师展览馆”综合设计作业，师生集体调研、课堂讲评、分组讨论、课后补充讨论、微信即时沟通等多种方式贯穿教学环节始终。多样化的师生交流方式不仅从整体层面提出要求、建议，同时提供了个性化、针对性的指导。

EAST NANJING RD. GROUP
a. 南京东路（组）

ZHANG ZISHUO
张梓烁

基地感知

在基地调研阶段，刘老师强调要关注南京东路上不断穿行的人，要留意他们的神态与行为，关注他们在上海最时尚最有气质的地方的举动。这个建议对我整个学期深化方案产生了潜移默化的影响，过程中我一直在思考如何通过摄影作品的介入与城市的人发生关系，这也是刘老师在方案中所鼓励的。同时刘老师提及南京东路与其他道路的差异，在观察中我注意到“广告牌”这一要素在南京东路所起的作用。

刘老师前期要求同学们提出“博物馆”的定位，我提出的想法是，参观者置身博物馆中，可以通过作品短暂地唤醒个体深处独立的人格意识，因此，博物馆体量既要符合基本街道尺度，保持原有的城市空间感，又可以自然地融入这个序列中。

概念探讨选择了王小慧的两个系列作品：《从眼睛到眼睛》系列是一组人像摄影，我希望通过眼神的对视交流人的情感；而《纳米摄影》是一组微观视角下的事物呈现，我希望讨论与现实里可见的物质的关系。

前期设想

刘老师希望我们先从摄影作品呈现的场景切入，去思考与照片气质相匹配的空间氛围。因此，我尝试从选择的照片所传达的信息入手，将隐性的《纳米摄影》系列与步行街二层那些信息直白的广告牌并置，从而引发对信息传达的显性与隐性两方面的思考。刘老师始终认为这层关系很难被理解到，同时提出图中建筑构件的尺度会影响到观看的有效性，应该削弱无效的空间要素。

而《从眼睛到眼睛》系列摄影，我希望以较大的尺度和较强的序列感布置在街道上，路过的行人透过缝隙和照片背面的镜子可以反复地和照片中的人对视。我认为这种重复的、偶然性的对视和街道上摩肩接踵的人的关系是相似的。刘老师认为现在的空间过于封闭了，设想的场景应该有很高的开放度，行人穿梭、有人参与很重要。

由于构想是从场景出发的，建筑形体在这个阶段显得破碎而不确定。

在第二次的修改中，我试图在照片和观者间制造一些距离来营造一种非常规的观感。具体来说，就是通过将照片放在悬挑出去的盒子空间中，让观者一开始只看得到照片本身，而在逐渐靠近的过程中，照片背后的城市背景会慢慢显露。

上服假日酒店
贵州路67号

日酒店

EAST NANJING RD. GROUP
a. 南京东路（组）

老师认可了这种空间手法，但仍然认为这与想要表达的照片的含义关系不大。同时老师认为这张赫本的照片似乎与“眼睛”系列的其他作品有一些不同。

关于展示“眼睛”系列作品的场景，我还尝试让城市环境以多种方式渗入室内的空间，使其成为作品展示的有机部分（如作为作品的框、毗邻作品的落地窗等）。除此之外，我还让部分作品以不同尺度反复出现，希望用重复的方式来强化作品带给人的感受。

但老师认为这种重复是没有意义的，探索作品和城市环境的关系才是正确的方向。例如，当照片完整地呈现在一个城市背景形成的框内时，城市背景带来的开放度和混杂度有利于反衬和凸显照片本身。强化开放的城市环境形成的背景和作品之间的对比也成为了我的方案之后的发展方向。

ZHANG ZISHUO
张梓烁

方案推进

和刘老师对照片与场地的关系进行几轮讨论后，我决定只展示《从眼睛到眼睛》系列而放弃了《纳米摄影》。刘老师说这对整个设计的整体性和目的纯粹性都有好处。

由此我的设计的目标也变得更加明确：为南京东路设立像广告牌一样的人像照片，他们像纪念碑一般展示在步行街的透视关系中，人穿行于其中，既有行人又有城市的背景，刘克成老师手绘的场景图清楚地表达了这种关系。

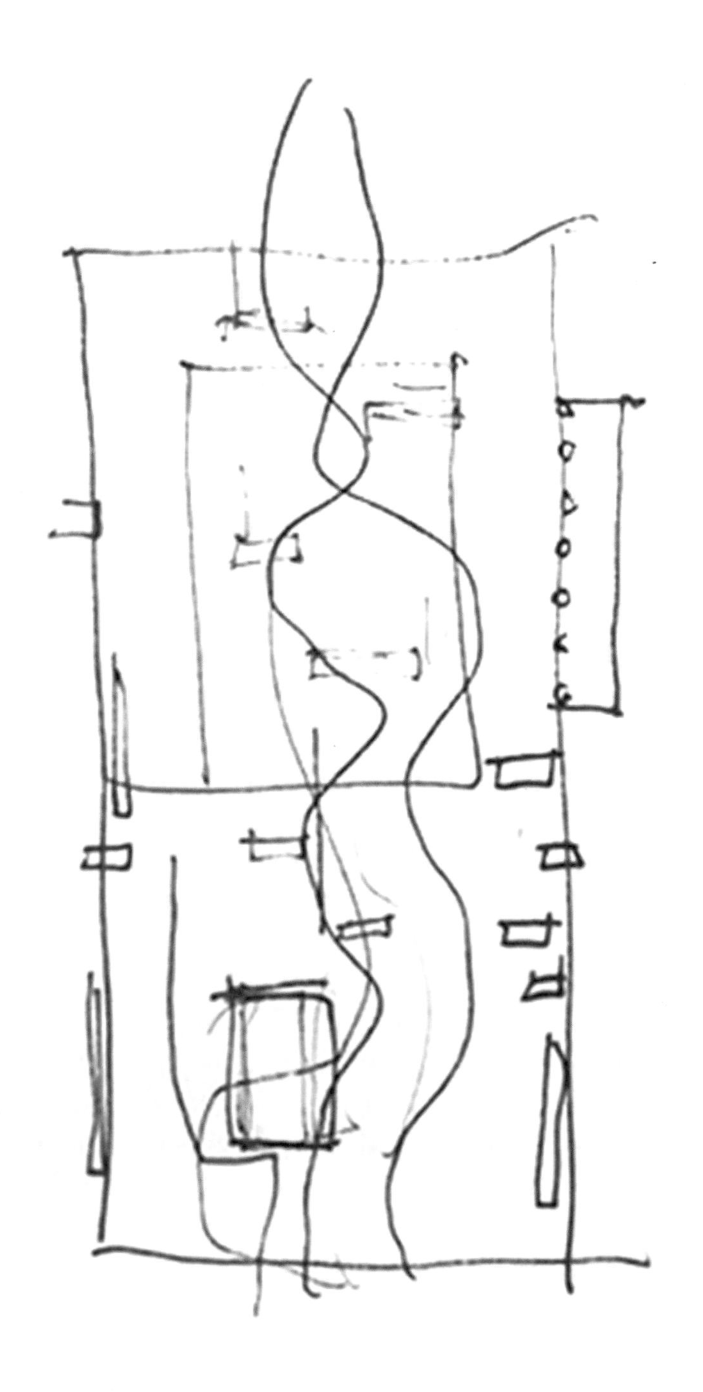

EAST NANJING RD. GROUP
a. 南京东路（组）

ZHANG ZISHUO
张梓烁

方案深化

在中期之前，我的设计呈现为多个玻璃盒子的平面组合，并由它们串联起一系列的观展流线。到了正草阶段，刘老师认为，空间应当更加开放与流动，建议我考虑把整个建筑变成城市空间。为了实现这一目标，我用片墙取代了原本的盒子来组织空间。

在此之后的讨论中，刘老师建议我弱化方案的建筑感，从“城市景观”的角度去改变城市空间似乎更加合适。此外，为了打破建筑东西两侧空间太均质的情况，刘老师还建议在某一侧引入大台阶去应对一层、二层和东西两侧的流线区分。我听从了刘老师的意见，在方案中引入了大台阶，但由于时间所迫，在最后阶段并未能将这一要素和原本的空间进行较好的整合，也是这个设计的一个遗憾。

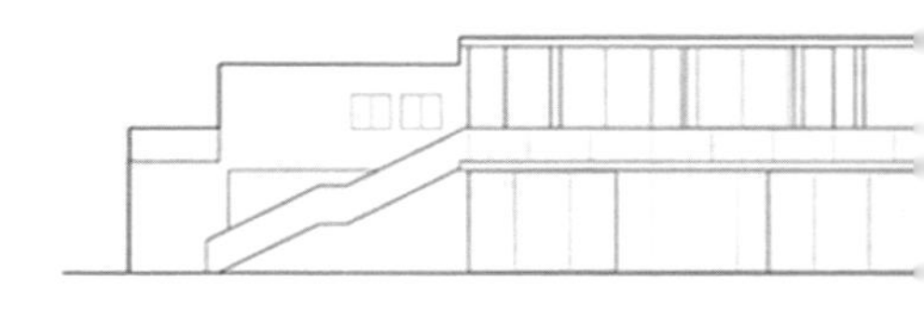

南立面图 1:100

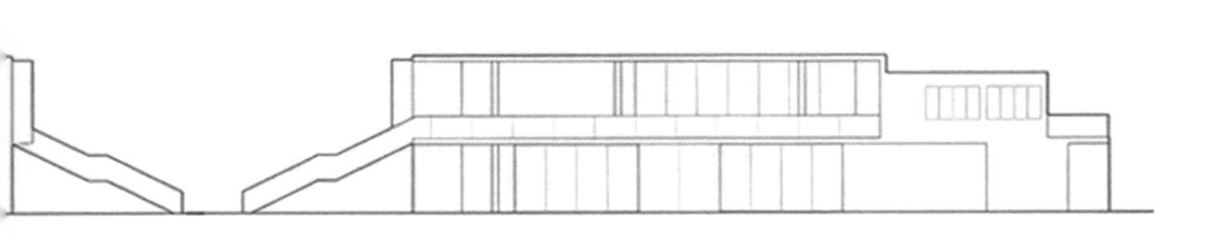

北立面图 1:100

EAST OF YUYUAN GARDEN GROUP
b. 豫园东（组）

前期设想

介绍任务书时，刘老师告诉我们摄影博物馆的定位是豫园的一个侧园，且其主要入口面向豫园。于是在前期对建筑策略的构思中，我提出了利用园林的手法与意象去设计的想法，使其成为园林中的园林，同时在设计过程中充分考虑其与园林和里弄的关系。

我认为，园林中非常重要的三个要素是：山、水和树，而赵钢先生《古老的风景》这一系列的摄影作品中也恰巧包含了这几种要素，同时包含着巧妙的构图关系。通过对这些关系的提炼，我为每幅画设计了独特的、园林化的观看方式。

REN XIAOHAN
任晓涵

前期调研

在前期对基地的小组调研过程中，我们的调研方向存在着一定的偏差。我们将注意力完全集中在了基地东侧的里弄里，对其边界、房屋状态、人的日常生活以及游客的侵入等种种进行了调研，而完全忽视了一墙之隔的豫园的状态。

刘老师因此向我们详细地阐述了他选择这块基地的目的，他认为豫园是上海一个非常有特色的地点，有其独特的城市肌理。刘老师想看到我们对博物馆在南京东路、张桥棚户区以及豫园三个基地上的不同诠释。在豫园东侧的这块基地上，博物馆并不是独立存在的，而应该作为豫园的一个附属园，是人们游览豫园的一个附加体验。为了更好地让我们了解与认识豫园的空间组织，以及博物馆在游览流线中所处的位置和扮演的角色，刘老师亲自带领我们去游览了一遍豫园，这对我们的设计思路启发很大。

在带领我们游览豫园的过程中，刘老师向我们阐述了他对于园林空间的理解。他认为园林由水、石、树等要素组成，而这些要素在组成一个完整的园林空间时是有脉络的，水有水脉，石有石脉，抓住这些脉络的走向，可以帮助我们更好地理解园林，这激发了我将这些要素和脉络融入这次的博物馆设计中的思考。

同时，刘克成老师还指出，园林空间都是相互渗透的，从来都不是封闭的、自成体系的。比如豫园中的一处廊道，在一个节点上分成了三条路径，这三条路径独立形成空间，但又通过各种窗洞让行人有视线上的交流，并最终汇聚在一起。这是园林空间的普遍特征，如果可以将这一状态在博物馆中实现，那将是非常棒的。

YUYUAN GROUP
b. 豫园东（组）

方案推进

我提出的照片观看方式——园林式观法顺利地通过了，接下来就是要考虑整个建筑的形式、逻辑以及流线等问题。我的想法是在之前对观法设计的基础上，利用基地自身的南北方向，自北向南地设置观看流线，依次将空间串联起来，同时在其间设计大大小小的庭院空间，丰富行人体验。但由于园林空间是文人对自然山水的隐喻，其中包含着复杂的关系和造园手法，加之第一次采用仿园林的手法去设计一个现代建筑，所以一时不知从何下手，思绪也变得很混乱，开始停滞不前。

REN XIAOHAN
任晓涵

明确生成逻辑

在帮助我们理解园林以及深化方案的过程中，刘老师提出利用园林现有的参考线来组织新设计的“园林式”博物馆，这对我们大有启发。基于对园林中由廊串联起建筑体量这种空间构成方式的理解，我用豫园中原有建筑体量的控制线生成了博物馆中的建筑体量，并用一条有宽有窄、方向多变的廊道将它们串联起来。同时通过体量的错落与廊的曲折，形成庭院与视觉通廊，并将廊的可能性发展到垂直方向，形成屋顶步道，以营造园林中登假山观景、游园的意象。同时基于对照片中空间的理解，在博物馆里利用众多庭院重现照片空间，步移景易，同时也呼应了静中观景、风景中的风景的主题。

刘老师用手绘的方式根据基础流线绘制了可供参考的平面图，也对我有很大启发。

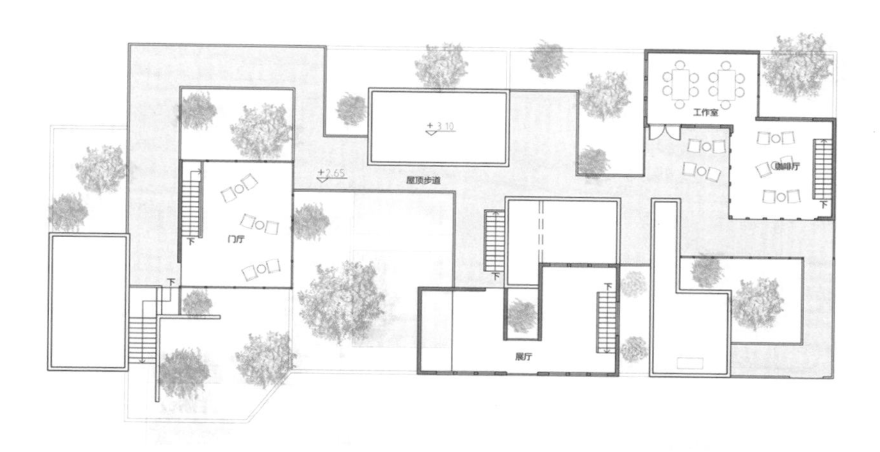
+3.10
+2.65
屋顶步道
工作室
咖啡厅
门厅
展厅
下

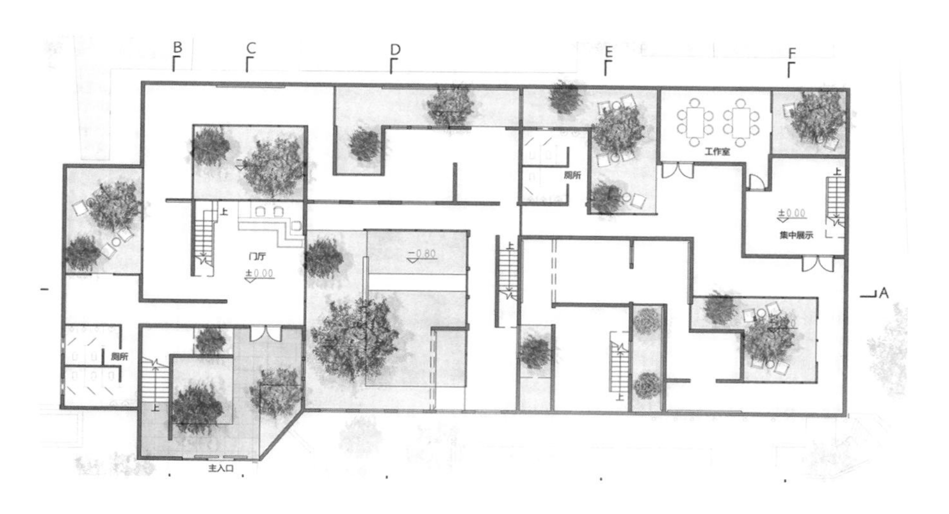
B
C
D
E
F
A
厕所
工作室
±0.00
集中展示
门厅
±0.00
-0.80
厕所
主入口
上

EAST NANJING RD. GROUP
c. 南京东路（组）

ZHANG YANING
张雅宁

方案构思 + 照片选择 + 展示方式

方案基地位于南京路步行街，在这种极度喧闹、嘈杂的环境下放置一个博物馆，需要着重考虑如何处理建筑与基地两者之间的关系。

一开始，我就不打算用架空或下沉建筑这种简单的、避开现有环境的手段。我希望建筑位于地面上，与基地位置带来的大量人流直接相遇。介于此，我产生了以下几个想法：建筑一层铺开，标高不断变化；中间抬高的部分架空，可供人穿行；建筑有多个入口，像树根般渗透到人群中；使用曲线，减少建筑立面的生硬感，也为外部行人提供内向的休憩空间；立面用镜面反射出周边的喧闹，与展馆内进行对比。

刘老师是一个非常支持学生奇奇怪怪想法的老师，甚至可以说是在鼓励和推动学生之间的差异性。外部的凹进与内部的关系比较有趣，且能对外提供很多休憩场所。因此，在方案初期，当刘老师看到方案的形态设想时，他认为这是一个可以对南京路有贡献的建筑。

同时，刘老师肯定了我在建筑上使用镜面的想法。但认为镜面的使用并不应该单纯停留在建筑立面的装饰层面，它可以是结构的一部分，也可以是照片展览方式的组成部分，可以更彻底，更大胆一点。此外，现阶段的照片展示方式似乎单纯与照片相关，与方案脱节。应该多考虑照片的展示方式与方案的结合度。

“选择使用镜面，为什么不尝试使用镜面对照片进行展示？”刘老师在讲方案的时候，总是非常激动，像是已经设想到了各种有趣方案在基地里建成的样子。也正是因为这种激情，让我毅然选择从镜面的角度将设计推进下去。

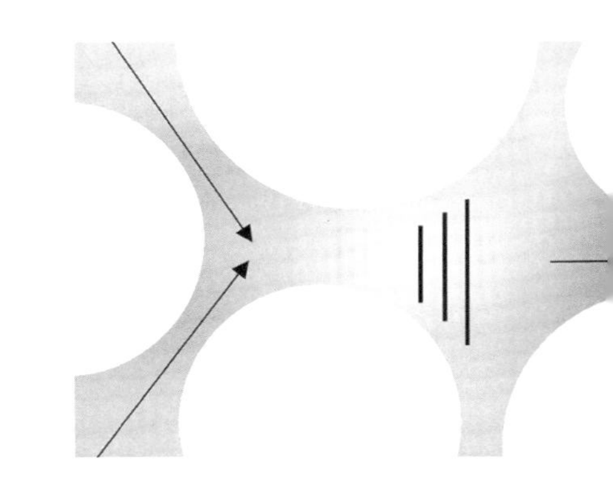

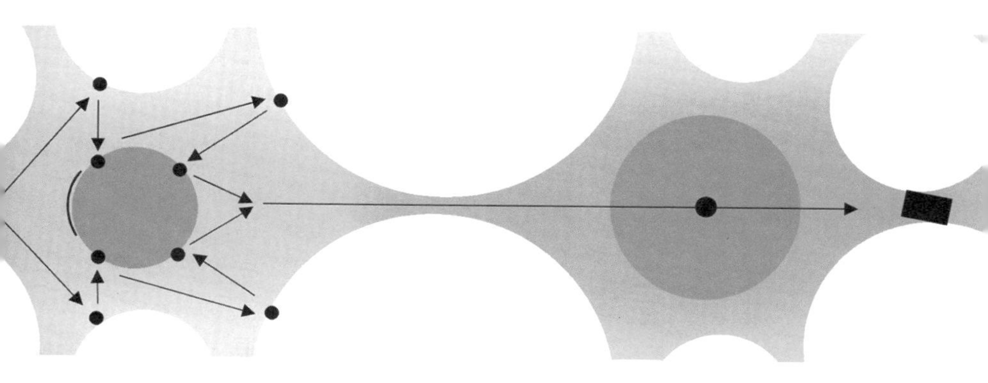

EAST NANJING RD. GROUP
c. 南京东路（组）

ZHANG YANING
张雅宁

推敲形态 + 展示方式

这一阶段我尝试将展览方式与圆弧面结合，形成一个个小展馆，顶部成为一个连接体，然而这种做法等于取消了室内层次，成为了室外展览，因此打回重做。

之后我又将建筑与场地、道路结合确定了入口及大致形态。在进一步推敲方案时，我尝试将照片的展示方式与镜面、弧面相结合，并最终决定把照片裁成条状贴在镜面上与环境形成对比。

刘老师认为，环境要与照片有对应关系，仅仅在场地里画一条曲线是没有意义的。“你的设计中，需要研究现场环境，应该对场地与照片进行一对一匹配，并确认镜面的反射范围及布置的位置，从而形成建筑的精确状态。这才是最关键的地方，而不是画几条好看的曲线就能决定的。”

其实设计完初始形态后，我一时不知该如何推进。而刘老师的话让我意识到，这是一个放在场地里的“真实”建筑，建筑真正的内涵是研究形式与形式生成之间的关系，不仅仅是一个建筑形态设计。

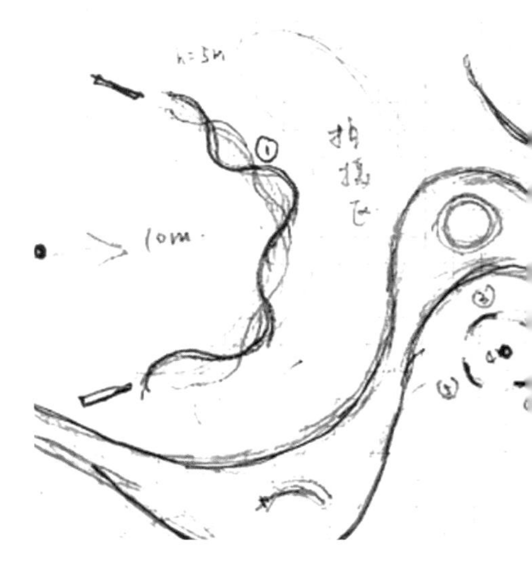

EAST NANJING RD. GROUP
c. 南京东路（组）

ZHANG YANING
张雅宁

镜面布置 + 反射内容深化

多次在现场使用镜面板实验后，我确认了镜面位置。

在接下来的讨论中，刘老师评价了我的设计。他认为目前孤立的一个个镜面需要考虑其反射与环境的关系，但现在的镜面布置状态是分散的，尚未形成一个整体的、连续的建筑。在确定镜面位置的同时，还需要关注建筑开口与周边建筑的对应关系。而且目前看来，建筑的曲线仍有些死板。镜面不一定是圆形，也可以用流畅的、自由的线条。建筑形态也还是一条直线贯穿始终，似乎可以将其设计得更加曲折一点，使人的路径、空间都多一点丰富性。因此我在方案设计的后期把重点放在了深化设计、优化形态及空间上。

深化设计、优化形态及空间

刘老师对于图纸的表达也很重视，他认为一张小小的图纸并不能展示方案的全部，因此应该侧重于设计核心概念的表达，其他部分则一笔带过。而我的设计方案核心在于营造其在上海南京路的魔幻感，使它与魔都气质契合，同时也充分体现我对于建筑镜面的研究。

在交图前一周，我又重画了一遍图纸。虽然我的图纸最终没有完全表现出我想要呈现的想法，老师也认为我的设计并非技术性图纸可以表达的，但我对于图纸表达有了进一步的理解。图纸需要表达的是设计者的思想，而非冷冰冰的技术。

虽然此前我并没有接触过曲面、镜面的设计，但是刘老师的建议对我的方案推进帮助极大，使我的方案从一具空壳变成了一次对镜面的研究。在老师的支持下，初期的简单想法慢慢展示出了它的可能性与复杂性，这样的结果是我并未预料到的。我也因此了解到，在建筑设计中，最初的想法并不需要是复杂的。但如何将这个简单的想法贯穿始终，使其成为核心概念是需要在设计的每个环节进行反思的。

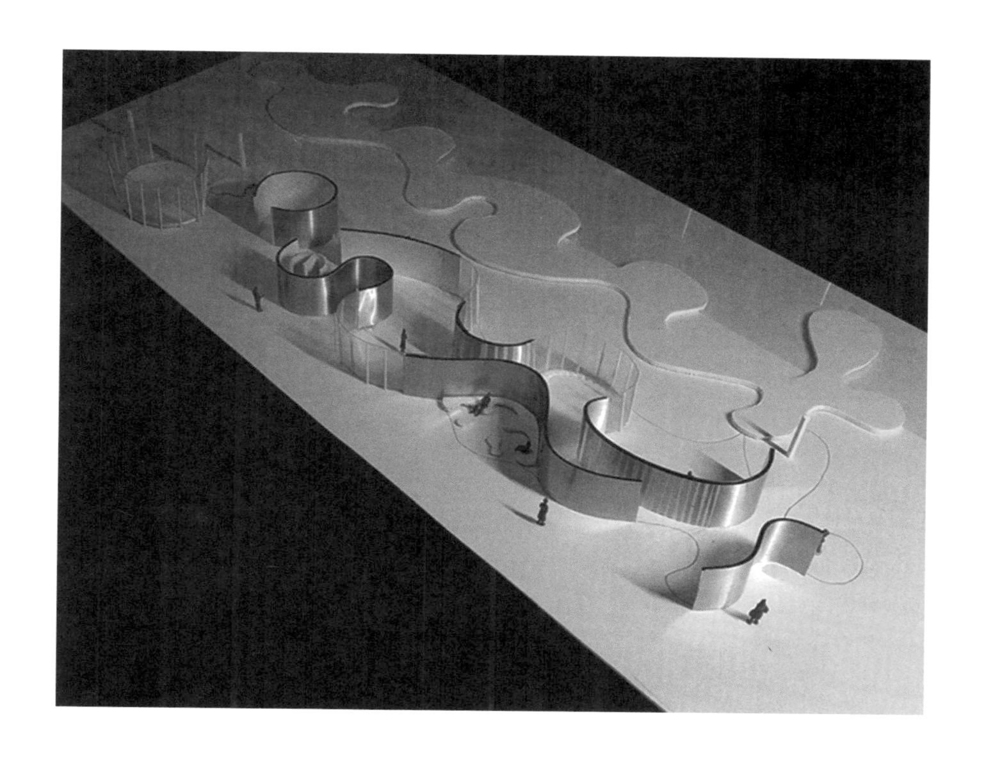

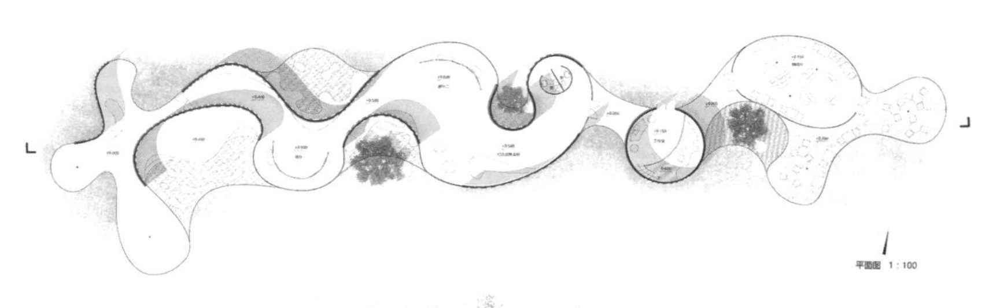

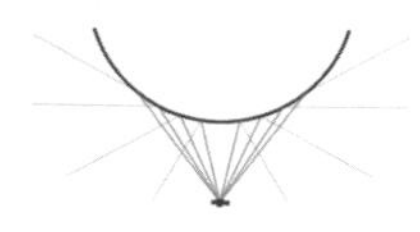

凸面镜反射

平面镜反射

凹面镜反射（曲率较大）

凹面镜反射（曲率较小）

EAST NANJING RD. GROUP
d. 南京东路（组）

WU DINGWEN
吴鼎闻

我和刘老师的交流主要集中在如何塑造地面以上的部分。城市界面的公共性也是选择这块基地必须面临的问题。在其中一版方案中，我将地下的光筒柱突出地面的部分延伸出伞形覆盖，试图结合结构给地面的人提供座椅和覆盖。刘老师觉得可以往这个方向发展，建议我去研究一下龙美术馆的结构方式，同时十分亲切地为我绘制了草图，提出这种伞形结构不仅可以成为覆盖，还可以处于较低的位置，通过两个伞形之间的交接营造出光线和声音的变化。然而，这个想法在操作时遇到了比较大的困难，一是因为找不到伞形结构产生的缘由，很难与展品产生对应关系，其次也容易模糊重点。最后，我认为地上部分如果用这种混凝土伞形结构过于厚重，与我最初的愿景也不相符，所以就放弃了这一设计。

我选的一组照片名字叫《束缚》。刘老师认为在商业气息浓重的南京路上行走，地下却束缚着一群寻求解脱的人，是很有意思的反差，也是对现实地面的另类解读。走在南京路上热火朝天购物的人，进入展馆后感受到反差，这是一种奇特的体验。基于此，我和刘老师讨论后确定了平面的细节，决定对地面上的部分采取相对平淡一点的做法，这种平淡反而可以强化地面下的束缚感。

在落实地面空间与地下空间的结合时，我又遇到了困难。方案对于南京路的地面以上部分采用了最小化干预的方式，在地面上开一条水道使之成为地面景观，联系各

个部分，并给地下提供采光。这条光缝将成为整个展览的引导。然而我发现，由于氛围的需要，最后一个展厅的地下部分需使用一条与原先肌理垂直的光缝，但这样一来会破坏地上的整体感。

时间已经迫近交图，我心里很着急，所以直接在微信上向刘老师寻求建议。刘老师说：“如果地下不需要垂直光带，那么地上仅作为水池即可。横向光带地面可以考虑两种方式解决。比如，可以在园筒下部设一方形水池，天窗结合方形水池设置，或者将园筒变方筒，地面上的建筑一圆一方，天窗给合方筒的一边设置。” 最后，在刘老师的建议下我选择了一圆一方的办法，横向的天光结合方筒的一侧设置，而方筒的另外三边则仅作为景观水池，巧妙地化解了这个问题。

在塑造效果图上，刘老师告诉我们一张好的表现图对于成果的展示非常重要。我一直希望自己的场馆能具有现实意义与启发性，设置地面水渠也是想让展馆具有一定的纪念性。刘老师让我想象一种场景，地面上的人在水渠边行走，阳光将影子拉得很长，而远处的展馆入口闪烁着亮堂的圣光。刘老师富有表现力的草图精准地刻画出了这个场景。

EAST NANJING RD. GROUP
e. 南京东路（组）

LIN TIAN
林恬

刘老师鼓励我们用任何可能的方式呈现调研及概念阶段的成果。为了把握碎片场景，我使用了文字、速写和拼贴三种手法。就这些素材和刘老师讨论时，谈到了赵钢作品中呈现的废墟感和月球感，以及作品和南京路上的广告牌、霓虹灯的关系。街景透视中，阴影为照片，混在广告牌中，内容却很突兀。下一步，我尝试将碎片串联起来。受照片启发，我联想到了山脉、树根等意象，同时将照片放大挂起，以回应南京东路的尺度和在城市中的地位，结果产生了一张模糊的“平躺的树根”意象草图。我与刘老师一起先讨论了照片呈现的可能性，再把方案提炼为在不同视线高度看照片的模式。于是，接下来考虑单张照片呈现的状态就变得很重要，需要仔细琢磨。

起初我想从照片之间的关联性入手，于是随机将一些照片进行组合序列，选出其中合适的一种，使它和游览流线、照片顺序相关联。此外我设想每张照片的展示场景都处于单独的小方块中，再由这些方块共同堆成一个抽象的“理想盒子”。

但由此呈现出的效果不尽人意，方案陷入了瓶颈。在和三位老师讨论过程中，刘老师提了“玲珑球”的概念，希望这个闷闷的盒子更通透。王凯和王红军两位老师谈到设计可以和南京东路形成一种反差，继续强化展馆的异质感。

最后我决定要建造一个坐落于街道中央且可穿行的神秘异质物。一张帷幔由历史建筑表面的几个抓点轻轻拉起，遮盖着几道墙，墙面分隔空间，同时成为照片的展板。游人在底层穿行，而照片在二楼的平台上展示。

这一版方案中，人在看展时需要通过门穿越一层层墙体，顶上的帷幔弯曲下垂，有效遮蔽了广告牌的干扰。但刘老师最后又推了我一把：“既然都这么夸张了，干脆把帷幔直接拉平，把这些横梁都去掉！”修改后的设计，由从门穿越变成了从墙与墙之间的间隙穿越，墙获得了某种纪念碑特质。帷幔拉平则颠覆了平台、照片与南京路街道立面的关系。方案也由此成型。

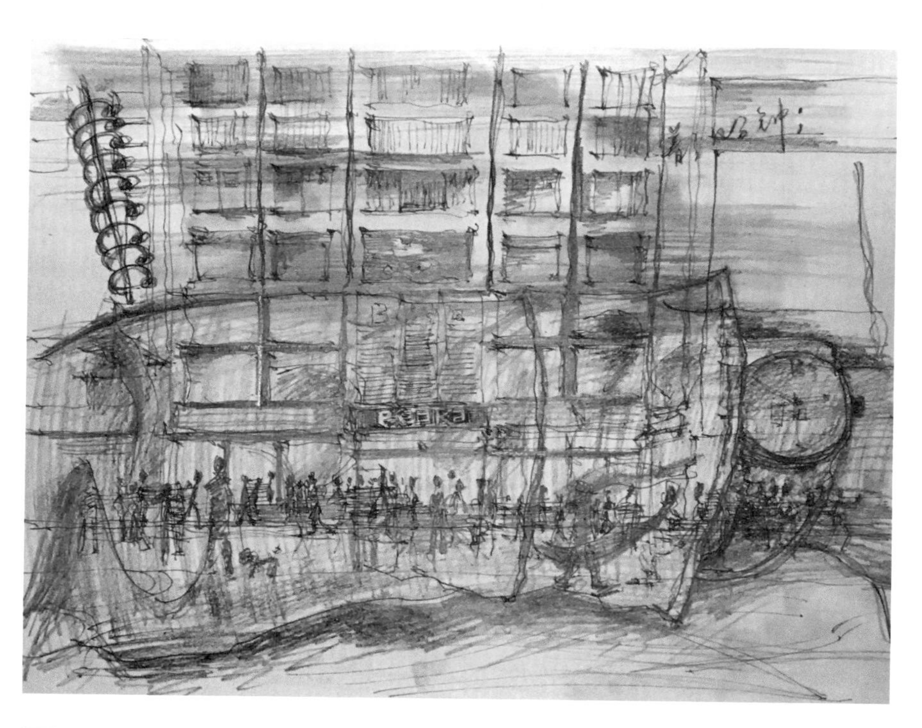

PENGHU GROUP
f. 棚户（组）

WANG WEIQI
王微琦

刘老师在课程初期分享了他在参观人像摄影展时的感受，并让我们提出对照片展示方式的构想。受刘老师的启发，也结合我个人的理解和体验，我提出了一种展示巨幅人像的方式，得到了刘老师的肯定。刘老师鼓励我多从控制光线的角度推进方案。

关于如何排布照片，我和各位老师讨论了许久，几乎占据了方案推进的大半时间。最初我想以一种比较规则的形式排布这些盒子，以获得良好的地面景观。刘老师却建议我以一种凌乱的方式创造有趣的室内效果，并顺延棚户区原本的肌理融入整个社区。刚开始我有些不理解，觉得操作起来有一定的困难，因此两位老师建议我可以结合人在参观时的视线关系安排平面。经过几轮的调整，终于获得了一个既有逻辑又顺应城市肌理的平面。

EAST OF YUYUAN GARDEN GROUP
g. 豫园东（组）

CAO YANG
曹阳

这个方案很早就体现出了合院的形式，但是平面一直无法深化下去，也许是因为我一直觉得它应该是一个异质化的东西。在本次课程的讨论中，刘老师和我主要针对平面和基地关系进行了推敲。

曹阳：这个体量太完整了，对于豫园和里弄来说会不会过于强势？

刘克成：即使更完形一些，如果层高足够低，就不会非常另类。如果想要和周围里弄、城市呼应的话，可以把二层做成坡屋顶，让它向内，成为一个四水归堂的传统样式。

曹阳：您之前让我去看传统园林的案例，但是这个院子功能是新的，感觉无法从古典形式里找到类似的状态。

刘克成："合院"在东西方历史上都存在。这样的围廊或许在西方修道院平面里更常见，旁边是一个教堂，围绕内院展开的每个单元都是非常私密的小房间。院子里好好设计一下，通过石头的摆放让豫园里的石脉延伸过来，也可以从你的小单元里破出来，这样就和基地有关联了。

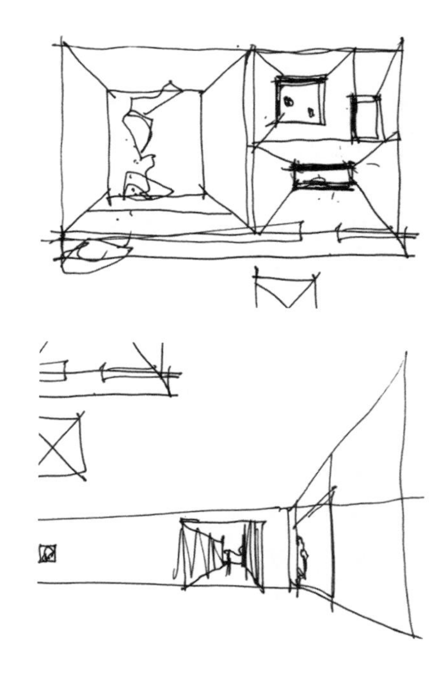

COMMENTS AND FEEDBACKS

评图记录 & 学生感言

LIST OF STUDENTS
参与学生名单

曹阳

及时行乐，对酒当歌。

孙益瓒

最美的风景是自己的内心。

王微琦

被实验班选中的本地人。

刘行健

用力生活。

顾梦菲

快乐女孩。

林恬

感谢学习，赐我双眼皮。

葛子彦

听广播、看报纸的好少年。

季文馨

谁动了我的剖模型。

涂晗

我只是有卧蚕而已。

任晓涵

任·橘鲤鱼与绿鲤鱼遇驴，驴虑橘鲤鱼亦虑绿鲤鱼·晓涵

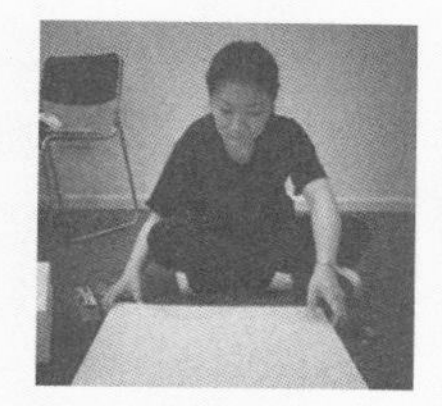

潘怡婷

这个人很懒，什么都没留下。

吴鼎闻

可以用表情吗？

张梓烁

晚上是看得到我的。
I could speak bird language.

张雅宁

想天天睡大觉却被设计课逼迫熬夜的小雅宁。

徐鸣

我懒，徐鸣。

高佳宁

头发渐渐浓密。

张榕珊

伪文青、真死宅与傻大个，把建筑当对象，时而爱时而不爱，但终究还是爱的。

肖艾文

一个有自我介绍尴尬症的人。

高博林

大家好，我叫高博林。就这样吧。不，这样吧，其实我叫高 Berlin。

杨凯雯

海边的女孩要奋力划桨，不靠浪。

袁蔚

念念不忘，必有回响。

TU HAN
涂晗

我一开始就选择了很打动了我的摄影师王小慧的十张照片，基地也选择的是很打动我的棚户区。但是在方案的初期，我始终没有找到合适的建筑形式来建立这两者之间的联系。在确定了建筑形式之后才开始考虑建筑的结构，中间又有很多次的反复。这个方案中充满了纠结和不敢推翻之前成果的犹豫，但总体而言，还算是完成了一个自己比较喜欢的色彩斑斓的博物馆。

COMMENTS
教师评价

王方戟

首先，这个设计在尺度上把握得恰到好处，这种规模的基地差不多就只能做这些事情，尺度感对二年级的学生来说是很重要的。其次，我认为封闭的空间更加有利于营造展览氛围，常见的博物馆展览空间都是较少开窗的，但你的建筑几乎是全透光，即使有百叶，光对展览仍然会有一定的影响。

刘克成

开放的展览空间也是一种展览方式，这种方式在棚户区里并不一定不合适。

董屹

这个设计就是花市和博物馆的结合体，需要前期调查一下棚户区的居民是否需要花市，或者说是否需要这样一块绿化空间。另外，展馆的结构和形式并不统一，在这个设计中你用了两种结构语言，有点混乱。

ZHANG YANING
张雅宁

这个课题设置与普通的设计课感觉不太一样，它所探讨的不是普通意义上的空间组织、平面、剖面关系这些实际的建筑设计问题，而是让我们以照片作为出发点，设计一个能打动人的博物馆。

在设计刚开始的时候，我并没有料到自己会陷入研究“镜面”的难题之中，因为这已不是我熟悉的建筑设计了。在过程中，我有想要放弃，但在刘克成老师的支持下还是深入做了下去。虽然最终的结果个人并不是很满意，但这是一次很可贵的体验，非常感谢各位老师的指导！

COMMENTS
教师评价

王方戟

这是一个人流量很大的空间，会有许多人以各种方式穿越这个建筑，获得的都是碎片化的体验。将照片切成条状展示，人一眼看去，这个图像并不完整，很难直接产生心理感受。这是这个设计最难的部分，也是最出效果、最本质的部分。

刘克成

你在设计中做了虚景与实景的对应；但能反射什么，多大程度去反射，这些在图纸上都没有表达清楚。

祝晓峰

能把建筑的建构与展览和城市的关系融合在一起，我认为是很好的。照片呈现可以和曲面与镜面相结合，比如用细的柱子作为结构，它可以不停转动，有的时候呈现席老师的作品，有的时候是不锈钢面，反射周边城市环境，这样会有更显著的效果。

董屹

在这个场地上做设计，已经不仅仅限于建筑范畴，而且上升到了城市公共艺术的领域，这个时候观念的表达就变得很重要。光看你的图很难感受到你所描述的内容，你的方案用单纯的平立剖已经无法表达了。

LIU XINGJIAN
刘行健

只展十张照片的博物馆在现实生活中是几乎不存在的，这是一个很有趣的课题。前期通过一系列小作业对于建筑氛围有了一定了解，到这个阶段就比较得心应手。但最后的个人作业没有把握得很好。回头来看，自己的主观意见盖过了老师的建议，执意做了一个自己向往、但有致命缺陷的方案。很感激刘老师和两位王老师给予了极大的宽容。今后还是要更加脚踏实地、更加虚心一些来完成每一个作业。

COMMENTS
教师评价

李立

手法太重了，能看得出你想要表达的内容，但结构几乎不可能完成。此外，一些建筑的细节也没有考虑好，比如不同氛围展厅之间的转场就做一个拐角，太草率了。

董屹

这些可以上去的坡道，你说是可以提供更多观景视角，但上去之后和周围的景色其实是没有什么关联的。这些坡道如果可以和周围的二楼商场穿插，形成立体的交通，那么上去是有终点、有目的的，而不只是上去又下来，就会合理很多。

刘克成

其实他对于这一组照片的体会是非常特别、非常深入的。但做设计的时候选了一个自己还不能驾驭的曲面形式，所以最后成果是有缺陷的。今后还是要多听老师的意见，不要太一意孤行。

平面图 1:100

REN XIAOHAN
任晓涵

十张照片博物馆的设计课程从六个小练习开始，训练我们对空间与声、光、景等要素关系的处理。我理解下来，照片博物馆就是一种对物与空间关系以及观物方式的探讨。

真正进入到博物馆的设计阶段，刘老师引导我们从抽象的小空间场景出发，精心打磨核心精彩空间。这种方式其实也是一种实验，它引导我们从不同的角度去思考建筑设计过程，从最初的小场景打磨，到之后如何去串联它们，再去寻找一种与基地的平衡关系。这种反向设计的过程，着实是一种新奇而富有收获的体验。

COMMENTS
教师评价

席子

这位同学设计中的二层廊道我非常喜欢。如果是我自己的摄影博物馆，我会非常喜欢在二层的感觉，可以俯视周边，而且距离周边的豫园假山、里弄非常近，这种一伸手就可以触碰到周边环境的感觉应该是一种非常不错的体验。

祝晓峰

我留意到这位同学的建筑内部漫游的空间透视图，他这种白墙黑边的处理非常巧妙。乍一看，一般会以为这是抄苏州博物馆的设计手法，但其实他有自己的内部逻辑。如果仔细观察这些照片，会发现照片边缘都会有一圈黑边，因为他是用特殊的冲洗方式冲洗出来的，而墙面的白墙黑边就随之合情合理了。

孙彤宇

这位同学采用园林式的方法去处理这个设计，整体的关系和逻辑我认为可以讲得通，但还希望看到更多对于建筑内庭院以及廊道内外关系的处理。我认为这是决定你的设计精彩不精彩的关键，就比如你渲染图里体现的廊道内外光线的渗透，这些都是需要被强化的。

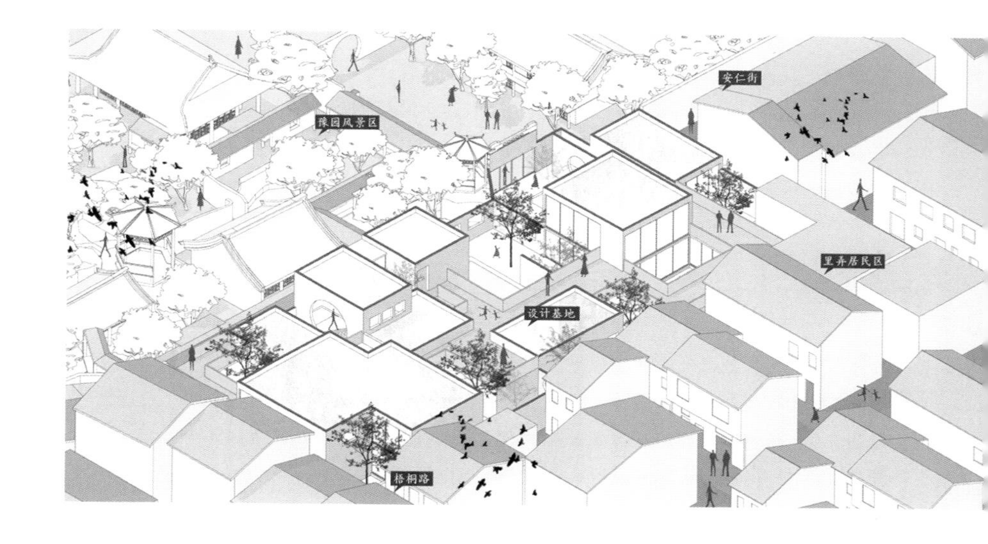
安仁街
豫园风景区
里弄居民区
设计基地
梧桐路

PAN YITING
潘怡婷

我选择了《女人的上海花园》这组照片，英文译为“Isolated Paradise”（直译为“与世隔绝的天堂”）。照片中女子桃花色的妆容，身穿中式旗袍，这些鲜艳色彩与南京东路的霓虹灯气质吻合，恍若从旧上海的风尘中走出来。场景与日常生活有距离，或者说是逃离了现实生活。梦幻与现实的交叠，更像是一幅幅色彩艳丽的油画。

此次设计希望能还原出照片中的女性化、梦幻般的花园空间氛围。使用圆筒这种强围合感的形式，使欣赏照片的过程更像是在花园中漫步，即使是对街道开放的花园也能形成比较私密、隔绝的状态。

COMMENTS
教师评价

刘克成

选的这组照片很独特，把我吓了一跳，极其暧昧的女人的照片在王小慧的作品里也是极少见的。把这样一组照片放在南京东路，这样私人氛围的照片放在非常公共的基地中是否合适？还有，为什么一定要做成白的空间？感觉设计者还没有完全读懂照片，如果胆子大点把墙面都弄成粉色呢？

王方戟

方案有一种内和外交错的可能性，也因为人流量非常大，所以关系还不够强烈。这些作品和这个空间有达成良好默契的可能性，但设计中出现了像岩洞一般的空间及其光线氛围，而建筑语言不是“岩洞”的语言，就出现了不协调。

董屹

这个建筑有 70m 长，就意味着在这个范围内南京东路是被隔开的，行人不能横向穿越，这对南京东路这样的商业街来说是不太合理的。

XU MING
徐鸣

COMMENTS
教师评价

设计希望通过在繁华的南京东路设置一条上海市井里弄一般逼仄的空间，并将席子老师关于里弄由盛转衰过程的照片立体化置入其中，让人产生身临其境的感觉，唤起人们对上海里弄的热情与保护的欲望，也希望能让游客对上海有更全面的了解。由此，南京东路也可以有一个新的立面呈现，步行街空间也可以更丰富一些。

最终我认为达到了预期效果，但对里弄空间的模仿与写意之间的平衡还处理得不到位，到现在我也不知道究竟应该如何达到平衡的感觉。

刘克成

方案做得挺有意思。南京东路是上海的象征，可是南京东路太简单了，像走在水渠里，人很难停留。这个方案就像在提供河流里的礁石，在商流、人流中提供停顿的可能性。上海这个城市有一种高度叠合的感觉，往边上一走就有另一种天地。他把这种感觉通过主动的方式叠合，为席子老师的照片在南京东路提供了一块栖息地。

王方戟

这是一个以墙为主的建筑，内部是主题为里弄的展览，外部多了一个有深度废墟的层次。可是多了这一个层次的意义是什

么，还不太明确。让建筑引起人思考是很难达到的，人对建筑的感知是非常恍忽，是不精密的。此外，要想清楚墙的意象能带来什么，以及最重要的那种模糊的感受是什么。

席子

这种做法似乎是希望让南京东路能够不被排除在上海之外，也能得到上海人的认可。同时希望能让外来的游客看到他们一般不会去的里弄，并稍微体验一下里弄所带来的感受，对上海人的里弄生活有一定的印象。

李立

建筑形态值得肯定，是比较重的做法；但直接把里弄拿过来，是不是需要再处理一下？结构、构造、第五立面，以及对城市的作用等等这些方面也要考虑。做设计，不能为了概念就丢掉别的东西。你可以畅想，但还是要系统、完整地思考。

GAO JIANING
高佳宁

通过一学期反反复复地推进方案，博物馆的概念逐渐清晰，又不断瓦解、重塑。在这个过程中，以照片作为载体，我对于展馆空间特质的理解也在不断变化。一开始，我尝试将展馆空间作为照片内部空间的延伸，追求一种沉浸式的观展体验，然而这样生成的空间对摄影作品却有干扰。此后我又执着于对空间本身流线的推敲，却渐渐忽略了照片的特质，没有找到摄影作品与展馆的独特关系。通过不断反思，展馆的作用渐渐明晰：通过特定的流线与场景，让照片恰到好处地引发人的联想，这应该是一种既纯粹又具有特质的建筑场景。

COMMENTS
教师评价

刘克成

这位同学的方案一直是进一步退一两步，中间有很多思考；但是还放得不够开，总是有很多限制，需要更加大胆的尝试。

祝晓峰

这位同学关注了观展本身的体验，而不仅仅是讨论建筑本身，我看到了建筑和摄影作品之间的联系。

唐克扬

你选择的这组赵钢的照片很粗旷，呈现出一种孤独感，但是从观展本身来说，我感觉不到摄影作品在氛围营造中起到的作用。

董屹

展馆本身的建筑性比较弱，从你的平面表达并不能感受到你的进步。

XIAO AIWEN
肖艾文

本学期的博物馆设计，从场地分析到概念提出，再到方案深化，对我来说收获是很大的。方案基地在南京东路步行街上，本身条件就比较复杂。所以在提出概念时，我不断地深入了解南京东路，思考什么样的博物馆适合放在南京东路上，以及它能给南京东路带来什么。我尝试将空间做得更开放，使博物馆兼具景观小品的功能；最后设计在方案推进阶段又遇到了难题，无法处理好室内外关系。最终的结果虽然有遗憾，但是整个设计过程对我有许多帮助。

COMMENTS
教师评价

李立

建筑本身的形式感太强，没有经过足够的推敲，成型太快导致了很多问题，比如室内外关系问题、流线问题。

王方戟

南京东路上的竖向灯牌——这个概念是可以的。但是在设计中，这些灯牌只展现了摄影作品的部分内容，这对于摄影作品的展览来说是不合理的。

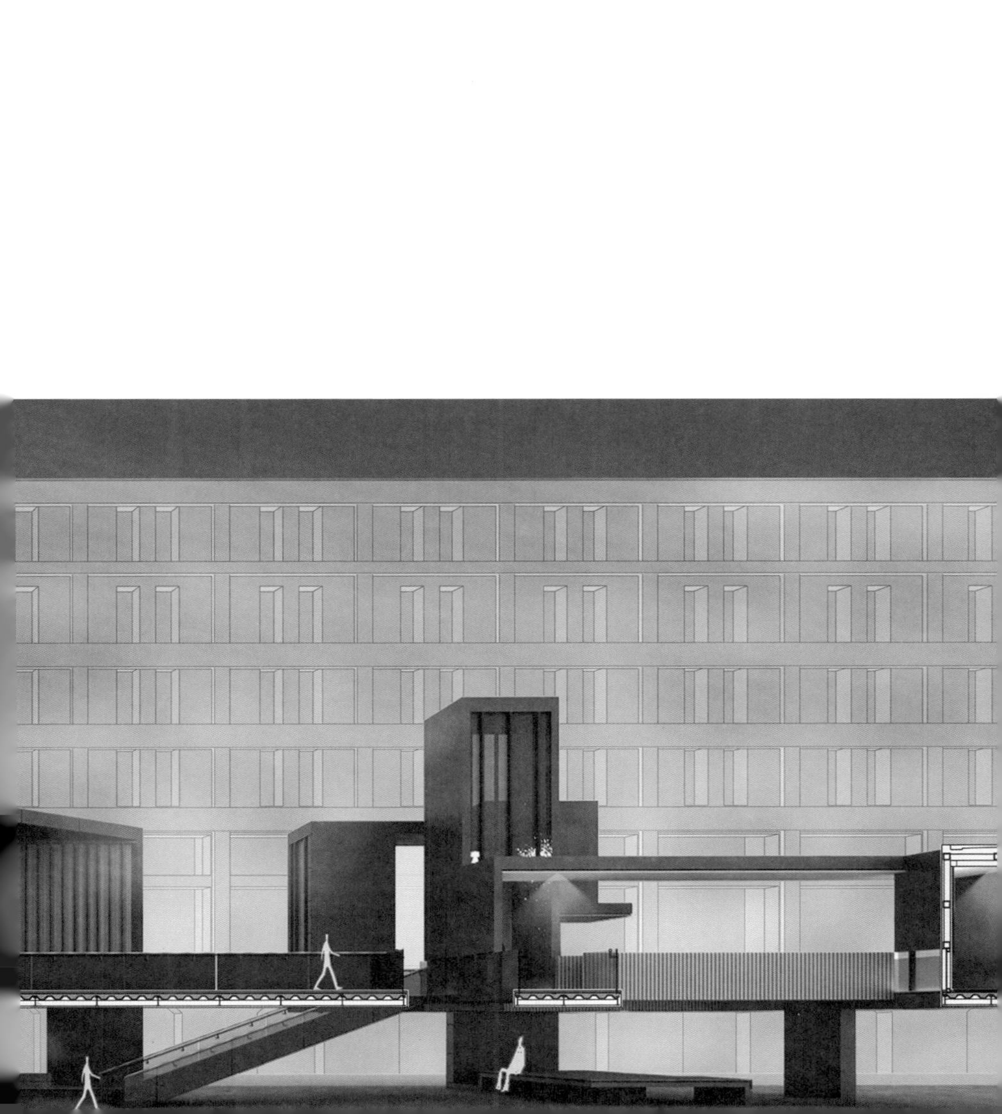

GE ZIYAN
葛子彦

我认为，摄影博物馆更关注个人的主观感性认识被他人理解的过程，因此需要通过设计来帮助观者理解摄影作品。我关心的另一个问题是博物馆的选址。场地位于豫园东墙侧，从现状看来，基地夹在了园林与里弄之间。两者全然不同的城市肌理和生活方式使得基地本身具有复杂性。之后的课程中，刘克成老师表露出的对于园林的期待使我陷入了纠结。一方面我必须回应园林，但另一方面我认为也不应该忽视里弄。这两者对我而言是同等重要的。

COMMENTS
教师评价

唐克扬

这个题目特别好，有三个层面可以探讨：第一个是现象层面，第二个是功能层面，第三个是摄影与现实的层面。首先，第一个层面，效果图是从二维图像到三维世界的一个通道。树、玻璃不能随便选，它反映了你对摄影的理解。博物馆不光是一个放进场地里的作品，也揭示出了摄影的过程。第二层面关于博物馆，对一个中性的博物馆而言，里面的功能空间是不够的。最后一层，讲到摄影与现实之间的关联与对应，有的时候摄影和现实的关系是一对一的，摄影是对现实的追溯；有的时候现

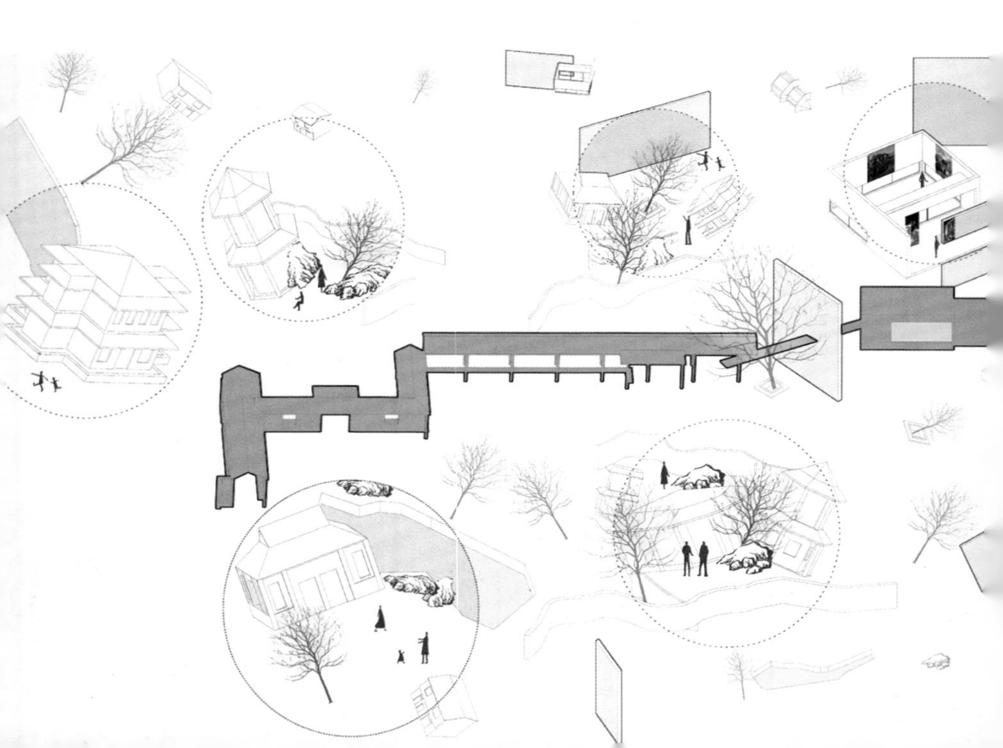

实与摄影是一种分裂的状态，那这个时候，摄影还是不是一个完整的自成系统的东西呢？这很值得我们去讨论。

刘克成

本来他是打算留下个里弄来做摄影博物馆，但房子进不去，又没有测绘资料。我提出的建议是“留几堵墙”。摄影作品拍的是里弄，留下里弄与作品并置，我觉得这个想法是好的。

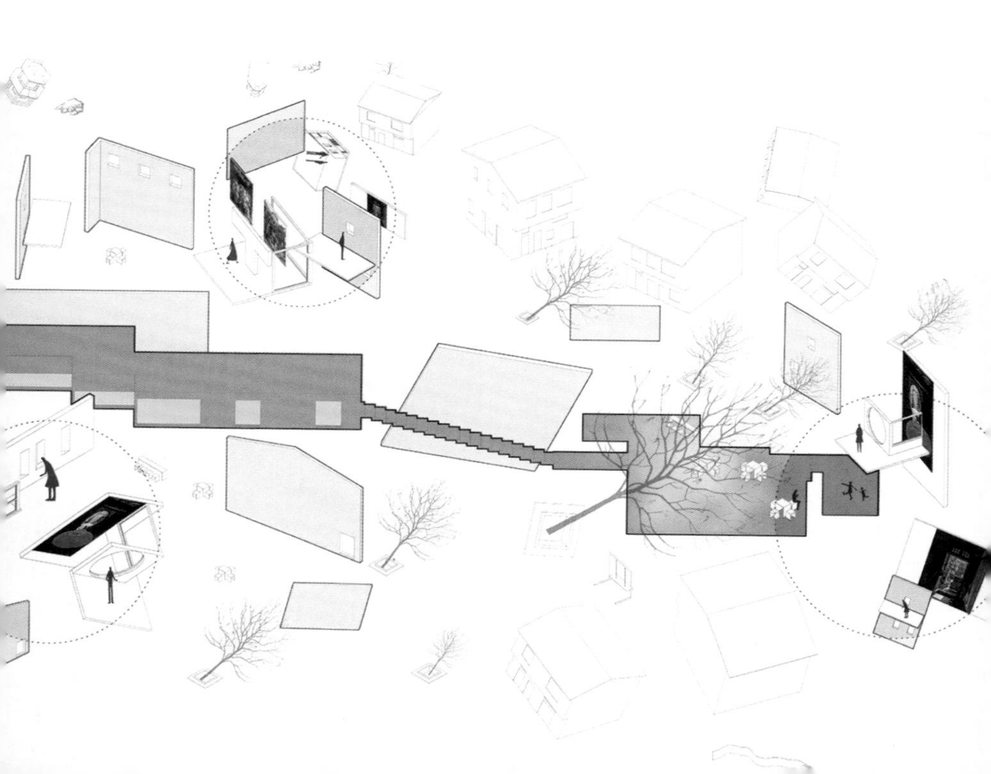

WANG WEIQI
王微琦

方案初期几乎都是对于场地、摄影作品诗意的思考，这是以前做方案时没有的体验。这个课程给我带来了三份礼物：一份是对王小慧老师本人以及作品的理解；一份是对位于张桥棚户区基地的全新认识；最后一份是对博物馆本身展览形式的探索。经过各位老师的帮助和指导，从最初对方案的迷茫到最后对自己设计思路的坚定，这次的课程给我提供了一次自我探索的机会。

COMMENTS
教师评价

刘克成

这个设计基本达到了课程设计的要求。展览结构即建筑结构，空间组织关系是统一的，室内的效果也非常理想。不足之处是顶层的设计，这种上下空间之间的关联不够理想。

祝晓峰

我认为光井的尺度可以重新考虑，通过对尺度的调节来控制空间的收放度和观看照片的距离。现在的问题是底层过于紧凑，没有停留空间，顶层场地被切割，缺少舒适度。

唐克扬

这个方案很棒，将贫民的回忆和价值与人们的潜意识和内心世界联系在了一起，通过引入室外光线将空间升级为一级空间。不过，我觉得光井的排布可以按照类型学的方式，尊重城市的肌理。

席子

方案中对摄影作品的观赏成为建筑设计的发动器，这一点我很喜欢。整个方案感觉像是棚户区里的一个乌托邦。

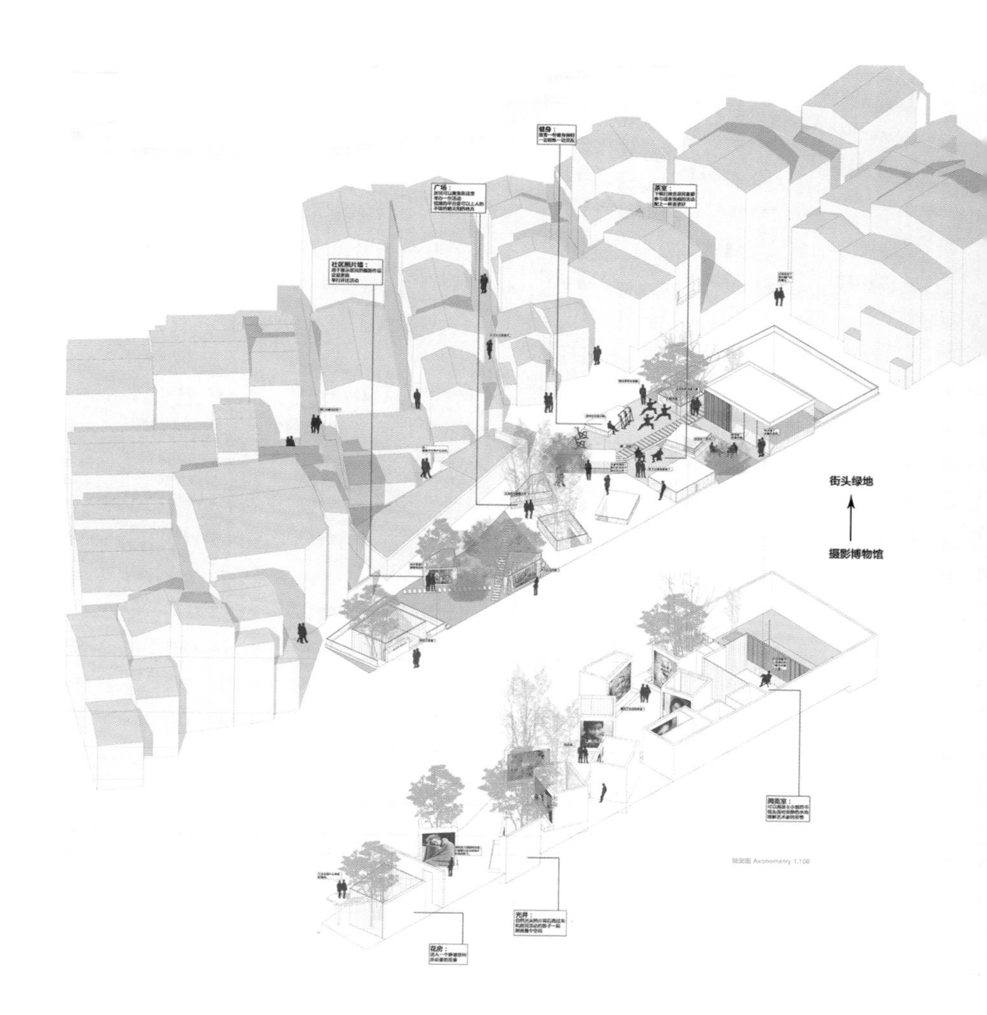

轴测图 Axonometry 1:100

ZHANG RONGSHAN
张榕珊

在此次摄影博物馆的设计学习中，我收获颇丰。对豫园基地的研究和学习增进了我对中国古典园林的认识和了解，对摄影作品的选择也增加了我对上海这座城市的体会与感悟。在进行设计推进的过程中，通过刘老师的指导，我学习到了如何用一种简练的方式处理和营造空间氛围，也学习到了如何运用现代的手法转译古典的园林空间。

COMMENTS
教师评价

刘克成

选取的照片有一部分是从高视点拍的，而塔这个形式在即使有限高的里弄街区里也是可以成立的。从这个角度可以看到浦东的上海中心，上海中心远看过去就很像一个形状奇特的塔，异常突出，刚好能够看到新上海和老上海。设计一个塔，刚好把观者放到了和摄影家同样的意境里，可以让人去领悟摄影家的视角。

祝晓峰

建筑主体的塔和庭院各得其所。在塔内，观者是一个彻底沉浸在象牙塔内的状态，可以完全进入照片的世界里，而将空间省出来之后，这个相对比较大的庭院又为狭窄拥挤的区域提供了一个宽阔舒缓的空间。这个设想还是比较成功的。

李立

设计要求为十张照片设计展示空间，所以是要为每一张照片设计一个空间，还是在一个空间中展示多张照片，让照片之间产生某种关联，这或许是一个可以思考的角度。

唐克扬

这个设计的题目叫“登高读城”，这样的命名也是有意义的。因为席子老师的作品其实是在地面上以人的视角去观察这座城市，这和登到高处以一个航空摄影的角度去看这座城市是有很大差别的。很多时候航空摄影的角度看到的城市并不是一个

很好的城市，而是会看到城市中糟糕的一面。作为设计者如果能够从这样的角度发掘出一些更深层次的意义，或许整个方案会更加清晰。

孙彤宇

这个方案的特点是做了一个很抽象的形式，并不是具象的复原园林空间，因此假山石的部分显得有些过于具象，假山石的意象与豫园本身有些重叠。或许可以考虑怎么能够与摄影博物馆的建筑本身有更强烈的呼应，不一定要局限在假山石。

ZHANG ZISHUO
张梓烁

这次课程设计和之前做过的设计的出发点都不一样，老师们更多是要求我们去观察、体验和感受生活，从一系列的日常中发现更多设计的可能性。另一个非常有趣的事情是，我们有三个差异巨大的场地和三组摄影师作品可以选择，不同的选择可以反映出每个人对世界认识与理解的不同，正是这些差异导向了一个个有特点的方案。

南京东路混杂的特质非常吸引我，我希望在这样混乱的场地里有一个简单纯粹的东西，并给步行街上的人们带来强烈的视觉冲击。从结果上看，我想营造的摄影作品与城市空间并置，并且允许行人在底层开放空间自由穿行的状态基本实现了，但方案还是不够干净纯粹。

COMMENTS
教师评价

李立

在一条商业街道上呈现开放性的场景的确很震撼。但我有些疑问：第一个是南京东路有方向性吗？为什么西侧有大台阶而东侧就不需要呢？单向性在这个场地是否是合适的？第二个是你的平面中墙体是有秩序的，一楼与二楼相对应，但墙的长度一直在改变，从建造的逻辑上这种变化似乎是没有经过设计的。作为承重的墙与布景的墙没有区分开，也没有深入到材料和建造等层面。

王方戟

底层的照片是比较震撼的，但二层的场景不太明确。一层是一个很公共的环境，人的参与度很高，小尺度的人和大尺度的人像照片形成反差，也就是你想要的“眼睛”的感觉；而二层更像是专门的观展空间。人在一层和二层的比例差异巨大，但上下层摆放的作品却十分相似，就难以解释你的上下空间之间的关系。

刘克成

你有很多很好的想法以及很多局部的考量，但是剖面和场景展示出的空间和结构体系是不清晰的，像是被粘合堆积在一起的。

GU MENGFEI
顾梦菲

从粉刷教室开始，我就爱上了这学期的设计课。一开始六个小专题设计算是热身运动，而接下来的博物馆设计则渐入佳境。基地及摄影师的多种选择让设计变得非常有趣。我也因此第一次深入棚户区，第一次以不同的视角观察南京东路……其中还穿插了各种艺术展览、讲座，还有每周一次的跟刘老师聊人生、讨论如何做设计的机会。现在回想起来，这简直是疯狂而幸福的一个学期。

COMMENTS
教师评价

董屹

你这个设计，虽然把传统棚户区外部空间再现了出来，但是外部空间与内部展示没有关系，室内外空间如何共同使用还没解决。这不仅是开窗的问题，还是能否使之成为积极空间的问题，否则它在城市空间里就是消极的。之前的里弄本身其实是有活力的，对比之下你这个设计更像是一个纪念品，最后可能以变成垃圾收场，也就是破窗效应。所以，不想往负面发展，就要加入正面的东西才行。比如说森山住宅，尺度相近，小盒子里都是住人的，人的使用溢出，这样的空间就是积极的。总之不能只是做视觉的东西，还要注入内容在里面。

刘克成

需要调整设施，有了积极的设施就会有积极的效应了。

祝晓峰

比如可以在缝隙里设置一个儿童滑滑梯。

王方戟

可以想象到你所描述的样子，结构、体量、色彩都没有问题，但是观展的效果不太能想象，特别是一楼可能会很暗。

总平面 1:300

GAO BOLIN
高博林

我想用“混乱”一词来总结这一学期。首先是自身的混乱。我在方案的推进过程中总是很难下决心，导致到最后，方案还停留在概念阶段，甚至连结构体系都没有弄清楚，遭到了评图老师的质疑。其次，是同学的“混乱”。实验班是杂糅了建筑、景观、规划三个专业的大杂烩，而这是我们共处的第一个学期，也是同学与老师的相互适应的一个学期。最后，是教学机制的“混乱”。新老师 + 新的教学方式是一次改革，是一次好的尝试，但是对于老师与学生都是一次不小的挑战，我们都是在摸索中曲折前行，可谓是坎坷的一学期。

COMMENTS
教师评价

王方戟

这个设计本身给人的感觉挺强烈，通过类似哈哈镜式的办法扭曲照片，有正向的照片和被扭曲的照片，这一点很有意思。还有一点是方案中有一些面向城市的照片，当照片放大到一定尺度后就能产生真正的城市感，这种空间带来的感受很强烈。但是这种手法只是零星出现，并未足够形成系统。你需要反思支撑这个设计的基础是什么？为什么是五个筒体？这是让我感到疑惑的地方。

祝晓峰

我想王老师的疑惑主要来源于尺度问题，你的方案中横向尺度最大的地方有 15m，小的地方只有 6m，在这样的一个场景里面用圆形，很自然就会遇到王老师提到的疑惑，而且目前看来你也没有很好地将其解决。圆的形态带来观看的可能性只有两种：一种在环里看，例如在你的方案中通过桥进去的这个空间；另一种是在圆外部局部性的环绕。此外，你的结构系统是一个混合体系，有的是通过弧墙，有的是通过和幕墙结合的立杆来支撑，结构的系统性还有待进一步提高。

唐克扬

把日常生活空间和艺术空间并置，通常能让人想到的不外乎两种策略：混同或者彻底的反差。但我个人更倾向于反差的做法，因为造成的感觉更加强烈。当人从市井突然踏进艺术家的空间，会和日常体验产生一种对比，带来的效果会非常惊艳。所以从这一角度来考虑的话，我更加欣赏这个方案。利用空间的穿透性，将买菜的空间和博物馆空间上下嵌套，是很有意思的一种手法。下面活动的人冷不丁地往上面一抬头，能看到上面不一样的艺术作品的世界。

CAO YANG
曹阳

回顾这个作业，虽然是一学期的长题，但是中间发生了很多事情，导致当别人进入出图周的时候我才完成了初步的想法，甚至那根本不是我的想法。所以，的确不能毫无愧疚地回答很多老师一直在问的“你有没有考虑过……”“有没有想过……”这些问题。甚至是整个设计的重点，就是那个所谓的“景框”，都没有深入地考虑。不过关于“观看”这件事，我还是有一些认识的。正如老师提到的“个人化”的部分，如何让别人按照你设定的方式完成某些行为，它所体现的也是建筑师的个人气质和理想。

COMMENTS
教师评价

刘克成

一个地地道道的北方人，选择了赵钢地地道道的关于北方场景的照片，然后把这样的照片塞到豫园边上一个地地道道的南方场景里，把两者进行融和，我觉得这个想法挺巧妙的。透过南方的窗看到北方的景，是一个很有意思的解决方法。有些场景很有意思，比如窗台和高窗，根据行走的尺度给它们找一个关系；在方形的园子中间堆一个假山，实际上是延续豫园假山的脉络。走上一圈，就能把北方的景顺着南方的廊逛完了。此外，我觉得有意思的一点是，景框就像是一个镜像，有人从那边在窥视你，形成一种映衬。景框把一个平面上的东西变成三维的了，谁是观者这件事变得微妙起来。

李立

这是一条半户外的展览路线，作品放在两层墙中间，然后通过窗框去看。其实展览就是这一圈两层墙之间的部分，前面这道墙是南方的，后面那一道是北方的。但我觉得还是那个老问题，这个古典的表达方式和摄影主题有什么关系？

王方戟

她还考虑了一些工作的空间和讲座的空间，这是其他同学没有考虑到的。而我觉得这部分是很重要的。徐汇滨江有一个摄影工作室，底下有工作的空间，这是对于摄影博物馆来说很必要的，其他工作人员都会用到。

祝晓峰

我提一个手法上的问题，你强调了“窥视”的感觉，那么所有框，frame 的感觉应当非常重要。但你最后呈现出来的只是一个简单的洞口。你有没有想过这个界面左右两边可能会有强烈的戏剧化冲突，以及它本身是不是要有一点提示性？

LIN TIAN
林恬

一年过去，我再次听了录音，还是起了一身鸡皮疙瘩，仿佛又回到了评图现场。那天之后我一直在想，怎么能更深化这个作品，让它达到一定水准。很多时候纠结怎么深化构造，让它看着更合理，因为我看到有同学做到了，而我没有。

再次整理之后才发现能做的事情不仅仅是“细部”，也许需要先抛开自己对于建筑的狭隘理解。课题是一个很好的课题，从个人感知到用一段文字表达，之后又讨论了建筑和文本的关系、和摄影的关系。

COMMENTS
教师评价

唐克扬

我觉得这里面体现了刘老师的用心，他提出这个题目绝不是想要做一个普通的建筑。这个基地对我们的启示并不是创造一个和谐的空间，而是对基地的一种“侵入”，造成进入的人感官上的震撼。由照相机的视角展开对世界的观察，造成一种知觉。我希望看到这种思路能发展成为一个艺术作品。

董屹

我觉得这个基地和其他两个有很大的区别，城市公共性大大增加了，已经到了城市公共艺术的范畴。如果进入艺术的范畴，观念的表达就会变得非常重要。我觉得林恬的这个方案很大胆，营造出了一个真正带有艺术感的城市公共空间。

王方戟

我很不理解这个楼板的做法，因为这是一个极其公共的空间。你设置任何半公共的空间都是很奇怪的。你的所有震撼都是来自公共空间的震撼，一旦来到半公共空间之后，这种震撼就不存在了。

祝晓峰

我觉得这块板等于说把纪念性的空间和世俗的空间做了一个切分。从这张剖面看，在正轴，纪念空间被一个层次、一个层次地建立起来。行人在穿过建筑时，又会注意到世俗的东西。从侧面看的时候，这些格子还呼应了周边建筑的模数。虽然它非常开放，甚至不像是一个建筑，但它很好地平衡了如何在这个场所里营造一个非常强大的气场，同时又对街道彻底开放的问题。

SUN YIYUN
孙益赟

这是我第一次做一个指向性明确但自由度极高的设计。指向性明确是因为前期我们做了六个小设计，需要以此为前提有针对性地利用现阶段所学的设计方法去表达主题；自由度极高则是因为设计成果只需要符合选址的特质，即使它不是个真正意义上的建筑，也能被老师认可与接受。

有三个气质不同的基地和三位摄影师供我们选择，不同的组合方式可以发生奇妙各异的化学反应。我选择了狭长的棚户区基地，选择了席子老师拍摄的猫。猫是这片地区的居民，也代表了这里的精神。我希望能设计一座有用的博物馆 —— 不仅用来展陈照片，向别人传达地区特色，也为基地内的流浪猫提供栖息之所。

COMMENTS
教师评价

王方戟

你这个设计看上去是一个猫的尺度，但猫会不会真的使用，不好说。因为现在里弄里的猫用的都是没经过设计的空间。这些经过了设计的空间，它们可能反而不会去用了。

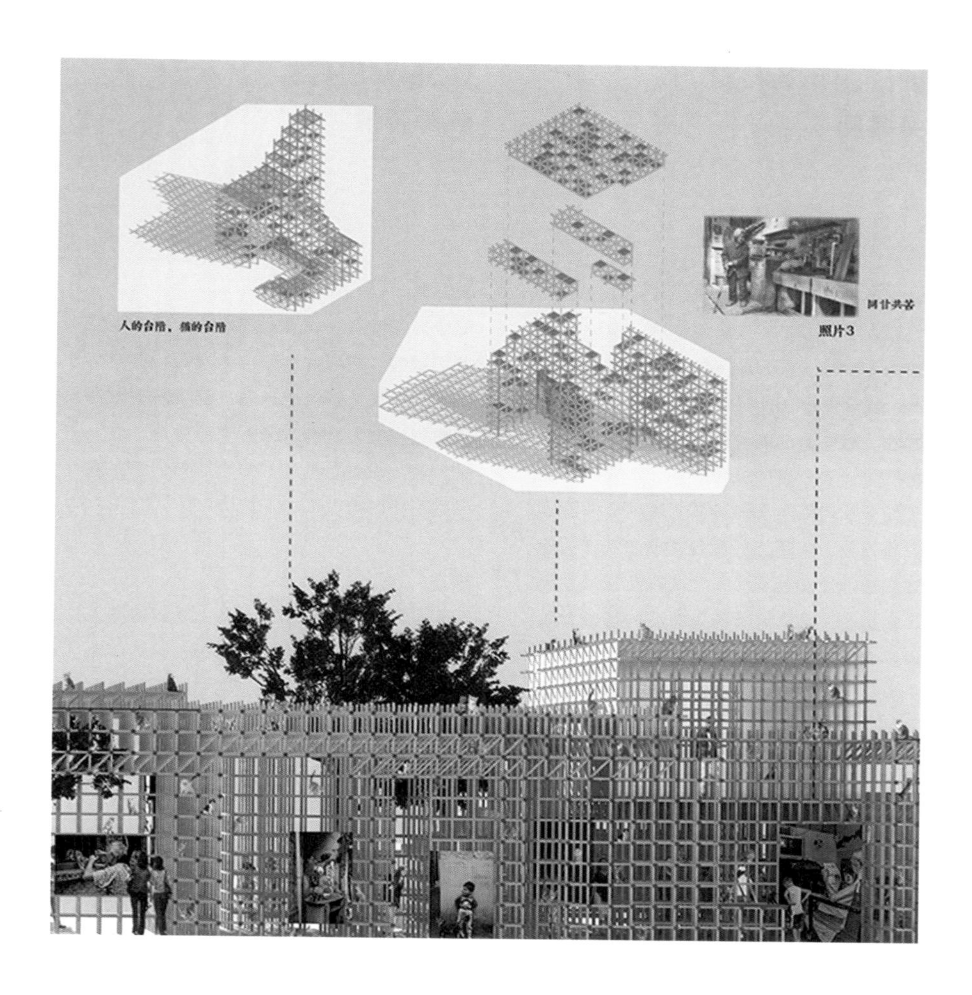
人的台阶，猫的台阶
照片3

WU DINGWEN
吴鼎闻

这学期从光、声、物、景、色、人六个小装置入手，回归基本功的训练。设计一座摄影博物馆，更像是在与摄影师对话后探索、雕琢自己对于摄影师的感觉与理解的过程。虽然服务对象的客体是摄影师，却也是设计者自身的主观表达。本学期训练了如何从内而外地做建筑，是一个做设计的新视角。我最大的感受与收获在于，刘克成老师让我看到了一个实践建筑师对设计的热情，以及对世界无穷尽的想象力与好奇心。

COMMENTS
教师评价

王方戟

这个方案中存在作品和空间之间良好默契的可能性。把照片放在这个岩洞一样的空间里，与照片的氛围是相符的；但是你的建筑语言又倾向叙事，叙事和体验有很大的冲突。设计的体验性是很强的，但是叙事性是很弱的。

李立

南京东路作为一个城市广场，在这里植入一个建筑有很多有趣的可能性，你的策略是一种最小干预的方法。我觉得汇报的时候需要讲讲和环境的关系，以及对城市的贡献。地下的形式能否在地面上反映出来，给城市更积极的反馈。

董屹

最小化干预的确是非常聪明的做法。但是作为南京东路上一个可以探索和猎奇的场所，地面上的入口就十分重要，还需要更进一步塑造。

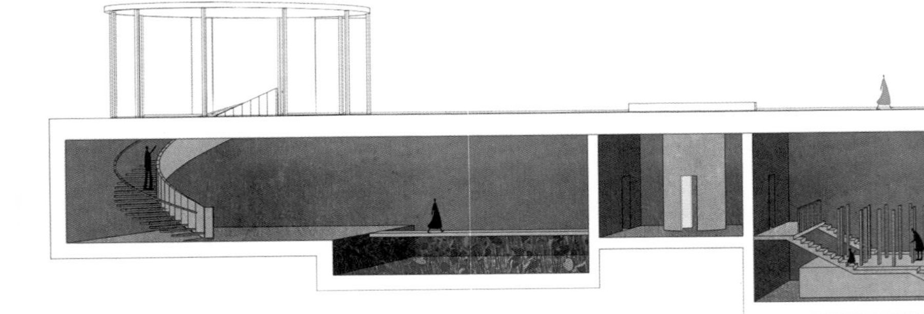

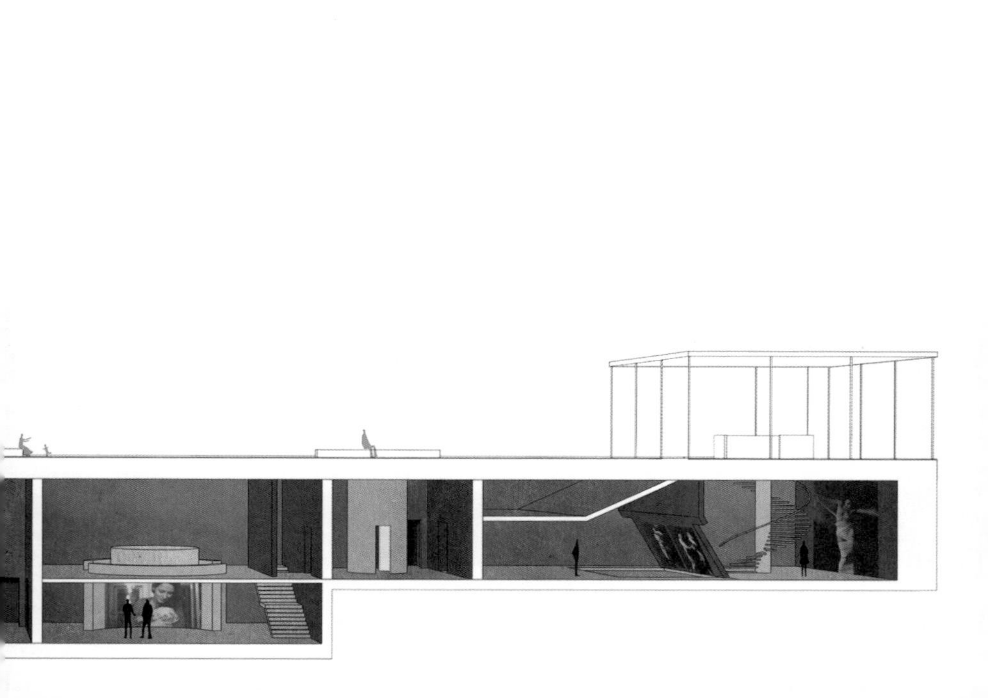

YANG KAIWEN
杨凯雯

从之前的六个小装置到最后的博物馆设计，是一个系统性的衔接，它改变了我做方案时的固有思维。这是给展品量身定做的展馆，要去多方面挖掘展品背后的要素。

从场景氛围出发再到建筑生成，是一个非常大的挑战。很容易产生的情况就是氛围与建筑体块的排布是两个体系，更像是场景塞入一个建筑的过程。

COMMENTS
教师评价

唐克扬

对于你这个课程设计，我有三个方面的问题想要与你讨论。先从最艺术的角度开始。课题是关于摄影空间，那么成果的版式和图面效果也同样要具备摄影作品般的美感，表现和阐释的角度要跟作品立意紧密联系；但你现在做的东西还是很平淡的，最后呈现出来的图纸效果与主题也没有高度契合。然后再来看看博物馆的具体使用问题。博物馆的必需要求解决得不够，比如储藏室在哪里？展品本身可以变化吗？要注意博物馆的真实属性。最后是关于博物馆的城市性问题。豫园的文脉是怎么体现在这个作品中的？这个摄影馆和豫园的关系本来是不固定的，要怎么处理人从内、从外看的关系？

席子

摄影本身就是用光的艺术，摄影博物馆服务的内容应当是作品而不是光本身，表现作品还是表现建筑，这之间要有一个平衡。

祝晓峰

方案基于密度对豫园做出了回应，但在视觉的关联上回应不足。

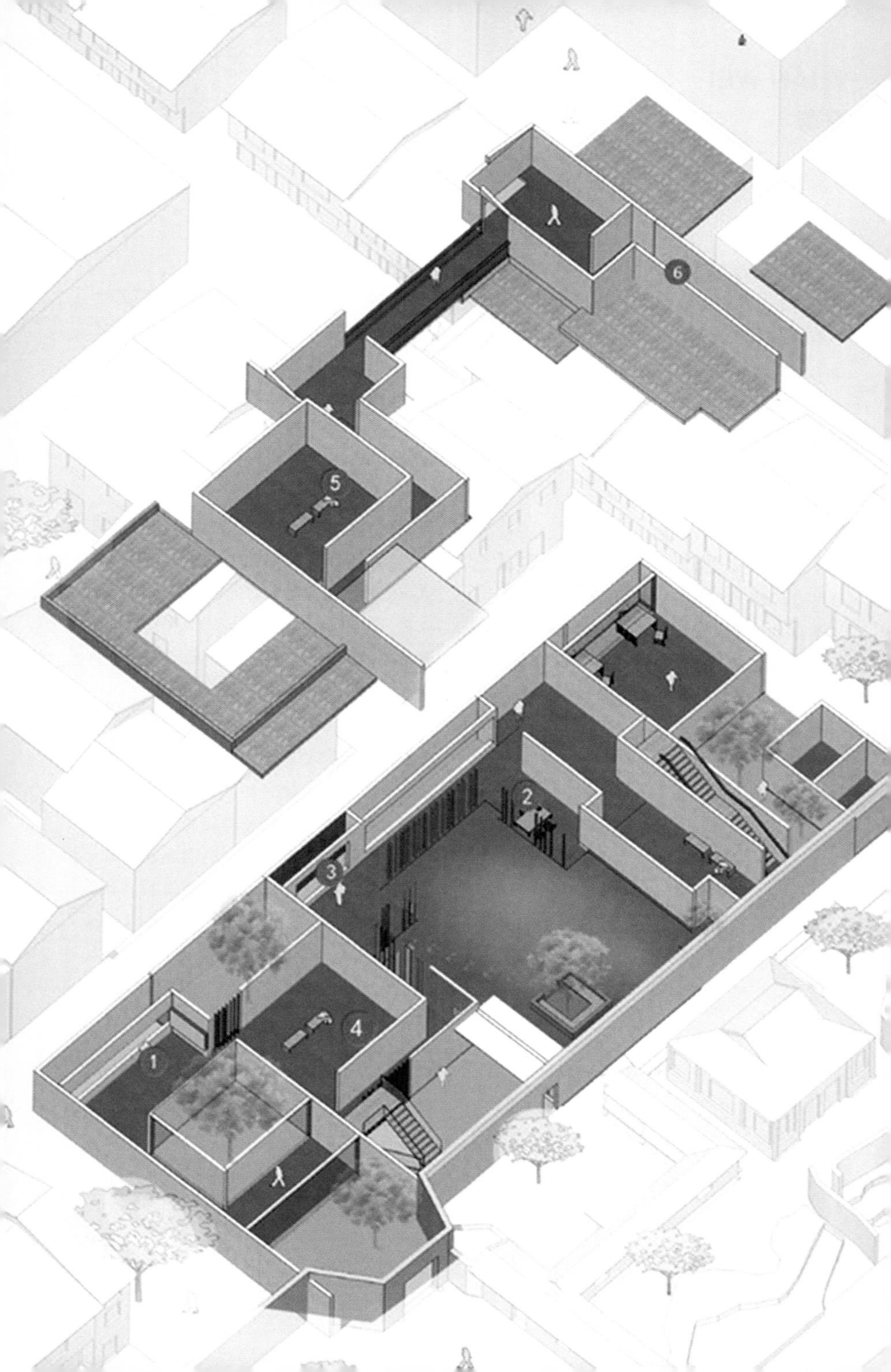
6
5
2
3
4
1

YUAN WEI
袁蔚

刘老师的课程有他个人的风格，从初期的小练习到后来摄影博物馆的设计课题，每个探究的过程都给我留下了很深的印象。最初我们对豫园基地的理解有些偏差，更侧重于豫园周边里弄的范围，后来刘老师带我们组进行了实地考察，为我们讲解自己对豫园、对园林文化的理解，令人获益匪浅。我的设计主要是从园林的角度出发的，将博物馆作为豫园的延伸。设计的过程中，刘老师不断指导我去探索园林的意境、空间场景和氛围，以及园中路径与园子之间的关系。经过不断的推敲和修改，我才最终确定了摄影作品与馆中庭院的关系，也确定了整个流线过程中的观景序列和节奏。

COMMENTS
教师评价

刘克成

你的方案是希望这个博物馆和豫园成为一个整体，但是方案做完以后感觉它还是从园中独立出来了。从肌理上来看，这个博物馆和里弄的肌理比较贴近一点，而它的氛围是和园林更贴近的，在这一点上有一些模糊。

入口选择放在园林本身强调的一根轴线上，这种思路是成立的，但是在后面的经营中，豫园和博物馆之间的界面似乎被淡化了。这两者之间是可以产生更多类似互相借景的关系的，虽然现在已经看到了一些，但还可以有更系统性的考虑。

王小慧的作品和光影的变化与作品本身形成叠加，这个想法很棒；但是，目前精心布置的庭院其实对摄影作品的呈现形成了一定的干扰。在看作品的同时会看到另一个庭院的实景，这其实是不必要的。庭院的布置可以更加简洁纯粹，在整个馆中除了作品就都是半透明的玻璃，让观者浸入式地在空间中游走，这样空间氛围会更棒。

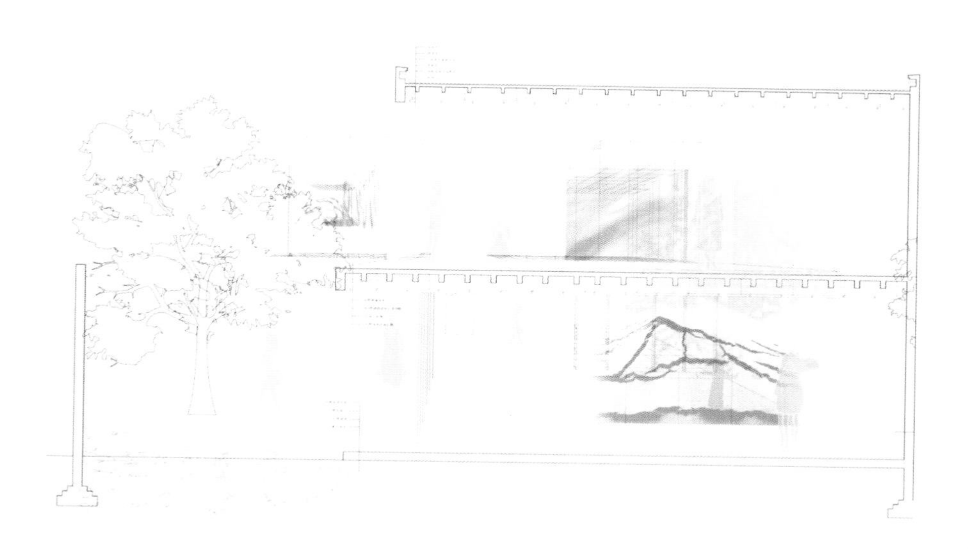

JI WENXIN
季文馨

照片记录着生活的变迁，设计将照片置入生活空间，让人重新体验生活的价值和意义，同时也使得照片的内与外之间建立了一种联系。这十张照片，记录新与旧的建筑，捕捉的却是照片之外、建筑之内的人的生活。

希望能以展示摄影作品的方式激发更多的人重新审视、主动探寻这片地方，给这个社区带来更多的活力。我想看到更多人像席子一样，以各自的方式去记录这一方区域现在、未来的画面。

设计有意将建筑主体放大，以此来达到将观者带入建筑空间，在感受中观览照片、观览场地，并重新审视这块地方的目的。立体的流线和开放性是对场地的回应。观览需要内向的场地，但对于服务于城市的博物馆来说，其社区性质与城市性质必不可少，它也将承担起这块场地中的公共活动和绿化的功能。

这片基地的外界条件非常复杂，而对于照片的解读和展示也相对复杂。如何将这两者用建筑去协调，是我在这个学期的设计中一直想探讨并解决的问题 。

COMMENTS
教师评价

王方戟

听介绍和看方案感觉不是很一致，介绍中对于照片展览方式的探讨很棒，对于照片都有自己的理解，但设计的建筑缺乏一套自己的空间结构。这么小一个场地，可能不需要这么复杂的建筑语言，所以这个空间存在的合理性是需要考量的。

祝晓峰

我觉得设计提出了一种独特的博物馆体验，在空间方面有非常精妙的想法，能感受到背后的研究过程。不过，对于摄影作品的观赏要如何成为建筑设计的发动机，体验过程和建筑空间塑造有什么关系，不同的空间尺度、光线的明和暗如何产生互动，这些可以再琢磨一下。另外，建筑空间和结构之间的联系还不够紧密，建筑与棚户区基地的关系更像是利用和被利用的状态，基地只是作为背景存在。

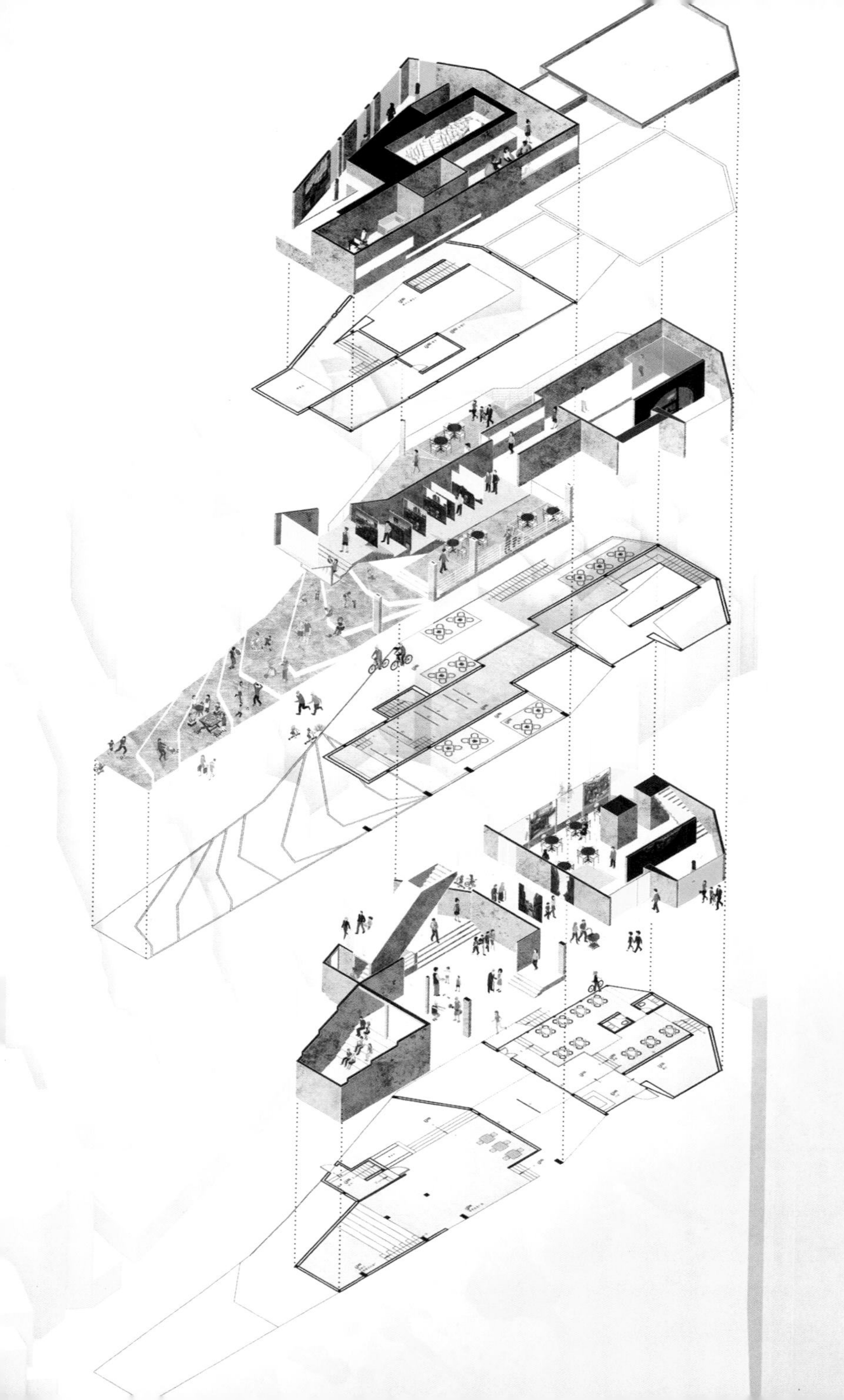

图书在版编目(CIP)数据

教学现场 ：刘克成同济教学档案 / 王凯，王红军，
王一编著 . -- 上海 ：同济大学出版社，2020.5
(李德华 & 罗小未设计教席系列教学丛书)
ISBN 978-7-5608-8947-4
Ⅰ. ①教… Ⅱ. ①王… ②王… ③王… Ⅲ. ①建筑设
计 - 作品集 - 中国 - 现代 Ⅳ. ① TU206
中国版本图书馆 CIP 数据核字 (2020) 第 018909 号

李德华 & 罗小未设计教席系列教学丛书
教学现场
刘克成同济教学档案
王凯 / 王红军 / 王一　编著

出版人：华春荣
责任编辑：晁艳
助理编辑：王玮祎
平面设计：KiKi
责任校对：徐春莲
版　次：2020 年 5 月第 1 版
印　次：2020 年 5 月第 1 次印刷
印　刷：上海安枫印务有限公司
开　本：787mm×1092mm　1/32
印　张：5.75
字　数：155 000
书　号：ISBN　978-7-5608-8947-4
定　价：58.00 元
出版发行：同济大学出版社
地　址：上海市四平路 1239 号
邮政编码：200092
网　址：http://www.tongjipress.com.cn